Chat GPT

必修课
从入门到精通

谭晶晶　　耿向华◎著

河北科学技术出版社

·石家庄·

图书在版编目（ＣＩＰ）数据

ChatGPT必修课：从入门到精通 / 谭晶晶，耿向华
著. -- 石家庄：河北科学技术出版社，2023.8
ISBN 978-7-5717-1733-9

Ⅰ．①C… Ⅱ．①谭… ②耿… Ⅲ．①人工智能 Ⅳ.
①TP18

中国国家版本馆CIP数据核字(2023)第163467号

ChatGPT必修课：从入门到精通
ChatGPT BIXIU KE：CONG RUMEN DAO JINGTONG

谭晶晶　耿向华　著

责任编辑	郭　强	
责任校对	原　芳	
美术编辑	张　帆	
封面设计	优盛文化	
出版发行	河北科学技术出版社	
地　　址	石家庄市友谊北大街 330 号（邮编：050061）	
印　　刷	河北万卷印刷有限公司	
开　　本	787mm×1092mm　1/16	
印　　张	19.5	
字　　数	253 千字	
版　　次	2023 年 8 月第 1 版	
印　　次	2023 年 8 月第 1 次印刷	
书　　号	ISBN 978-7-5717-1733-9	
定　　价	79.00 元	

FOREWORD | 前言

　　ChatGPT 是一种基于深度学习技术的自然语言生成模型，它在自然语言处理领域有广泛的应用。自 2018 年首次推出以来，ChatGPT 不断地发展和演进，现在已经成为自然语言生成领域中的一个热门模型。

　　本书旨在提供关于 ChatGPT 的全面介绍，包括从基础概念到高级应用的完整指南。本书从介绍 ChatGPT 的概念和其模型的起源与发展开始，然后深入探讨 ChatGPT 的模型架构、原理，以及在各种自然语言处理任务中的应用。

　　除了介绍 ChatGPT 的技术细节，本书还将关注 ChatGPT 的实际应用，包括如何构建和训练聊天机器人、如何生成摘要和文本、如何进行机器翻译和语言模型微调。此外，也介绍了 ChatGPT 的优化，包括加速模型训练和推理、提高模型性能和准确率、模型压缩技术。最后，本书对 ChatGPT 的未来发展作出展望。

　　本书可以作为了解 ChatGPT 的完整指南，也可以作为实际应用中的参考书。本书的目标是向读者传递深度学习技术和自然语言处理领域的最新进展，以及将其应用到实际场景中。

在编写过程中，虽然我们力求尽善尽美，但鉴于水平所限，书中难免有不妥和疏漏之处，敬请广大读者批评指正。

CONTENTS | 目录

第 1 章

ChatGPT 简介

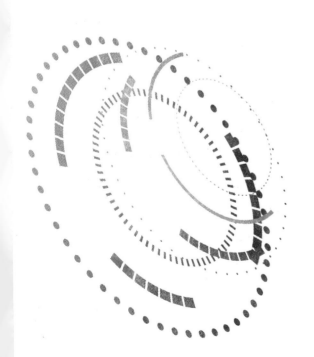

1.1 了解 ChatGPT 与人工智能

ChatGPT（Chat Generative Pre-trained Transformer），是美国 OpenAI 公司研发的聊天机器人程序，它通过深度神经网络来预测并给定输入下的输出内容。

1.1.1 ChatGPT 的核心

ChatGPT 的核心是一种被称为 Transformer（在线翻译）的神经网络架构。Transformer 是一种用于处理序列数据的神经网络架构，其主要应用于自然语言处理任务。

在 ChatGPT 中，Transformer 架构被用作生成自然语言文本的基本组件。Transformer 由编码器和解码器两部分组成。ChatGPT 中主要使用的是编码器部分，它使用了自注意力机制来将输入序列转换为表示序列。自注意力机制是一种可以计算序列中每个位置的权重的方法。输入序列中的每个位置都被表示为一个向量，这些向量会通过自注意力机制进行加权平均，得到一个加权表示。这个加权表示将输入序列中每个位置的信息都考虑在内，因此可以更好地表示输入序列的意义。

在 ChatGPT 的训练过程中，输入序列和对应的输出序列被用作模型的训练数据。模型的目标是最小化生成序列与目标序列之间的差异，以提高模型的生成能力和自然度。

总体来说，ChatGPT 的核心就是使用自注意力机制将输入序列转换为表示序列，然后使用前馈神经网络进行处理，最终产生文本。这种架构在自然语言生成领域中非常成功，可以产生高质量、流畅的文本，被广泛应用于聊天机器人、文本生成、摘要生成、翻译等任务。

1.1.2　ChatGPT 的优势

ChatGPT 是一种强大的自然语言生成模型，具有以下 6 大优势，如图 1-1 所示。

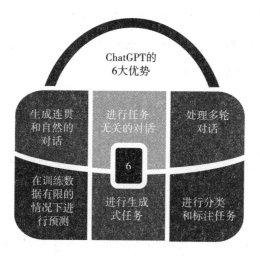

图 1-1　ChatGPT 的优势

1.1.2.1　可以生成连贯和自然的对话

ChatGPT 生成的文本具有非常高的流畅性和自然度，这使得它可以生成连贯和自然的对话。与传统的聊天机器人不同，ChatGPT 能够以非常自然的方式回答用户的问题和话题，使用户拥有更加真实的交互体验。

一方面，ChatGPT 通过自注意力机制处理输入序列，将其转化为表示序列，这使得 ChatGPT 能够对输入序列中的每个单词和短语都进行考虑，从而产生一个更准确和自然的输出。

另一方面，ChatGPT 是一种生成式模型，它不仅可以根据输入文本进行回答，还可以生成新的文本内容。ChatGPT 可以通过预测下一个单词或短语来产生连续的文本，这使得 ChatGPT 生成的对话能够更加自然和流畅。

此外，ChatGPT 还使用了大规模的数据集进行训练，这可以使模型能够学习到大量真实对话中的模式和语言习惯，进而产生与人类对话相似的回答。由此可见，ChatGPT 可以模拟真实的对话场景，为用户提供更加真实的交互体验。

1.1.2.2　可以进行任务无关的对话

传统的聊天机器人需要预先定义对话的场景和话题，以便针对特定的任务和领域提供相应的回答。例如，一个智能客服机器人需要预先定义与用户的常见问题和答案，以便在用户需要帮助时快速回答。

与此相比，ChatGPT 可以在没有预先定义任务的情况下，生成与用户的输入相匹配的自然文本。它通过训练大量的数据集，学习了自然语言的语法和语义规则，并且能够在需要时快速生成恰当的答案。这使得 ChatGPT 在处理各种话题和场景的对话中非常有用，而不需要专门为每个任务和领域进行预定义。

例如，在一个智能家居设备中，用户可以使用语音指令控制家中的各种设备。ChatGPT 可以接收用户的指令，并生成相应的答案，从而与用户进行交互。ChatGPT 不需要预先定义特定任务的信息，因此它可以轻松地处理这种多样化的对话场景。

综上，ChatGPT 可以进行与任务无关的对话，处理各种话题的对话。它能够处理复杂的自然语言输入，并快速生成自然、连贯的文本回答。

1.1.2.3　可以处理多轮对话

传统的聊天机器人只能在单个对话回合中提供答案，因为它们无法记忆之前的对话内容。然而，ChatGPT 可以通过自注意力机制和编码器 / 解码器架构来记忆之前的对话内容，从而生成连续的对话。在每个对话回合中，ChatGPT 都会将之前的对话历史作为输入，并根据上下文生成下一个回答，从而使对话更加连贯和自然。

除了聊天机器人，ChatGPT 在其他对话型任务中也非常有用。例如，在问答系统中，用户可以提出一个问题，并希望得到一个连续的回答，以更好地理解问题的背景和上下文。在这种情况下，ChatGPT 可以利用自己的记忆和上下文理解能力来生成连续的回答，从而提供更加完整和准确的答案。

1.1.2.4　可以在训练数据有限的情况下进行预测

在预训练过程中，ChatGPT 使用了大规模的文本数据集来学习自然语言的语法和语义规则。在这个过程中，ChatGPT 能够学习到各种语言结构的特征，并且能够输出高质量、自然的回答。预训练过程通常使用无监督学习的方式，即在没有人工标注数据的情况下进行训练。

在预训练之后，ChatGPT 可以通过微调来适应不同的任务和领域。微调的过程是将 ChatGPT 模型在一小部分特定任务和领域的数据集上进行重新训练，以提高它在这些任务和领域中的表现。这使得 ChatGPT 可以更好地适应各种特定的任务和领域，并且具有更强的泛化能力。

在进行预测时，ChatGPT 可以根据输入序列和之前的对话历史生成自然、连贯的文本回答。它已经在大规模的数据集上进行了预训练，并且通过微调进行了适应，因此它可以在训练数据有限的情况下进行预测，适应性和泛化能力都很强。

1.1.2.5　可以进行生成式任务

在文章摘要和新闻摘要任务中，ChatGPT 可以根据文章的内容和结构，生成一个简短的摘要，概括文章的主要内容。这种摘要生成技术在新闻、媒体和信息聚合等领域有广泛的应用，可以帮助读者更快地获取文章的核心信息。

ChatGPT 还可以用于其他生成式任务。

对话生成：ChatGPT 可以根据先前的对话历史和输入的上下文，生成连贯和自然的回答。它可以处理多回合对话，记忆之前的对话内容，并根据上下文生成下一个回答。

音乐生成：ChatGPT 可以学习到不同音符和旋律之间的关系，并生成连贯和自然的音乐。通过学习音符序列的统计规律，ChatGPT 可以在输入的上下文和先前的音乐内容的基础上生成具有音乐特征的连续音乐。

图像生成：ChatGPT 可以根据先前的图像内容和输入的上下文，生成连贯和自然的图像。它可以学习到不同像素之间的关系，并生成高分辨率的图像。通过学习图像的纹理、颜色和形状等特征，生成高质量的图像。

1.1.2.6 可以进行分类和标注任务

除了生成式任务，ChatGPT 还可以用于分类和标注任务，如情感分析和命名实体识别。

在情感分析任务中，ChatGPT 可以根据输入的文本内容，自动识别文本的情感极性（如正面、负面或中性情感）。通过学习大量的情感标注数据集，ChatGPT 能够学习到情感词汇和语法规则，从而自动进行情感分析。

在命名实体识别任务中，ChatGPT 可以根据输入的文本内容，自动识别文本中的命名实体，如人名、地名、组织机构名等。通过学习大量的命名实体标注数据集，ChatGPT 能够学习到命名实体的特征和上下文关系，从而自动进行命名实体识别。

ChatGPT 还可以用于其他分类和标注任务，如情感词汇识别、语义角色标注等。通过学习大量的标注数据集，ChatGPT 能够学习到各种文本特征和上下文关系，从而自动进行分类和标注任务。

总之，ChatGPT 具有非常广泛的应用领域和丰富的功能，可以用于解决各种自然语言处理问题，这使得它成了自然语言处理领域的一个非常有价值的工具。

1.1.3 ChatGPT 的历史和发展

ChatGPT 的历史和发展截至目前大致经历了以下几个阶段。

1.1.3.1 GPT

GPT 是第一代模型，其主要创新在于提出了一种两阶段训练方法：预训练与微调。这种方法极大地提高了模型在自然语言处理任务上的性能，同时也为后续研究和模型发展奠定了基础。

一是预训练阶段。在这个阶段，GPT 模型在大量无标签文本数据上进行训练。通过学习这些数据，模型可以捕捉到自然语言的通用表示方式和模式，包括词汇、语法、句子结构以及一些常见的语义关系。预训练的目的是让模型具备对自然语言的基本理解能力，为后续的任务微调阶段做好准备。

预训练过程中，GPT 使用了大量的互联网文本数据，这些数据来源于各种领域，如新闻、博客、论坛等。这样的多样性让模型能够学习到丰富的语言知识，从而在多种场景下都能表现出较好的性能。

二是微调阶段。在这个阶段，GPT 模型会在具体任务的有标签数据上进行训练。有标签数据意味着每个输入都有一个正确的输出，模型需要学习如何根据输入预测正确的输出。通过微调，模型将从预训练阶段获得的通用语言知识应用到特定任务上，从而适应特定应用场景。

微调过程中，模型会根据不同任务的需求进行调整。例如，在情感分类任务中，模型需要学习如何从文本中识别出情感；在问答任务中，模型需要学习如何从给定的上下文中找到正确答案。微调使得模型在特定任务上的表现更加出色，满足实际应用的要求。

总之，GPT 通过引入预训练与微调的两阶段训练方法，在自然语言处理任务上实现了显著的性能提升。这种方法使得模型能够充分利用大量无标签文本数据学习到自然语言的通用表示，同时在特定任务上通过微调达到高精度。这种方法的成功为后续 GPT 系列模型的发展和自然语言处理领域的研究提供了有力支持。

1.1.3.2　GPT-2

GPT-2 是 GPT 系列模型的第二代，发布于 2019 年。相较于第一代的 GPT 模型，GPT-2 在多个方面实现了显著提升，包括模型大小、训练数据量和性能。

一是模型大小。GPT-2 的模型规模大幅增长，达到了 15 亿个参数。这使得 GPT-2 能够学习到更多的知识和更复杂的语言结构。随着模型规模的扩大，GPT-2 在自然语言处理任务上的性能也得到了显著提升。

二是训练数据量。GPT-2 使用了更大的训练数据集，这意味着模型在预训练阶段可以接触到更多的文本信息。这使得 GPT-2 能够更好地学习到自然语言的通用表示方式，为后续的微调阶段打下更坚实的基础。

三是性能。由于模型大小和训练数据量的提升，GPT-2 在各种自然语言处理任务上表现出色，不仅在常见任务上取得了更高的准确率，还能生成更为流畅、连贯且有深度的文本内容。

GPT-2 的发布引发了关于 AI 生成内容的伦理讨论。这是因为，GPT-2 生成的文本质量之高，使人们担忧其潜在的滥用风险。例如，GPT-2 可能被用于编写虚假新闻、恶意言论或其他具有误导性的内容。这些潜在的滥用行为可能导致社会舆论的混乱、人们信任的破裂以及其他负面影响。

出于这些担忧，OpenAI 最初未公开完整的 GPT-2 模型，而是选择发布了较小规模的版本。这种做法旨在降低潜在滥用的风险，同时鼓励对 AI 伦理和安全性的研究与讨论。

在社区的压力下，OpenAI 逐步开放了各个规模的 GPT-2 模型，包括小型、中型、大型和完整版。这使得研究人员和开发者能够更深入地了解 GPT-2 的性能和特点，同时推动了 AI 伦理和安全性的研究。通过这些讨论与实践，人们不仅可以更好地理解 GPT-2 等大型预训练模型的潜在风险，还可以为未来 AI 技术的发展制定更加全面的伦理规范和安全预案。

1.1.3.3 GPT-3

GPT-3 是 GPT 系列模型的第三代，它在多个方面相较于前两代模型实现了重大突破，主要体现在模型规模、任务性能和零样本学习能力等方面。

一是模型规模。GPT-3 的模型规模远远超过了 GPT-2，达到了惊人的 1 750 亿个参数。如此庞大的模型能够捕捉到更多的知识和更复杂的语言模式，从而在各种自然语言处理任务上取得更好的表现。

二是任务性能。得益于模型规模的扩大，GPT-3 在多数自然语言处理任务上的性能有了显著提升。在机器翻译、摘要生成、问答系统等任务上，GPT-3 都展现出了强大的能力。此外，GPT-3 还可以处理一些复杂的任务，如代码生成、知识图谱生成等。

三是零样本学习。GPT-3 的一个重要特点是其在零样本学习（zero-shot learning）场景中的表现。零样本学习意味着模型在没有经过特定任务微调的情况下，仅凭借预训练阶段学到的知识就能完成任务。GPT-3 的零样本学习能力使得它在很多场景下可以直接应用，无须额外的微调。这种特性大大降低了模型部署的门槛和成本。

GPT-3 在各种自然语言处理任务上的出色表现和灵活性为众多创新应用提供了可能。这些创新应用涵盖了众多领域，如智能客服、教育辅导、内容生成、知识管理等。GPT-3 不仅在现有应用场景中取得了成功，还为未来 AI 技术的发展开辟了新的可能性。

随着 GPT-3 的推广和应用，人们对大型预训练模型的伦理、安全性和公平性等问题的关注也在不断加深。这些关注为 AI 研究和技术发展提供了更广泛的视角，帮助人们更全面地认识到 AI 技术的潜在风险与挑战，从而在未来的发展中更加审慎和负责。

1.1.3.4　GPT-4

GPT-4 继承了 GPT-3 的成功，以更大的模型规模、优化的训练方法和技术来实现更高水平的自然语言处理性能。以下几点阐述了 GPT-4 的主要特点及其影响。

一是模型规模。GPT-4 在模型规模方面进一步扩展，拥有更多的参数，并且在自然语言处理任务上的性能得到了进一步提升。

二是训练方法和技术。GPT-4 针对训练方法和技术进行了优化，采用了更高效的算法和更大的训练数据集。这使得 GPT-4 能够在预训练阶段更好地学习自然语言的通用表示，进而在微调阶段拥有更高的任务性能。同时，优化后的训练方法和技术降低了模型训练所需的资源和时间，提高了模型的可扩展性。

三是自然语言处理任务性能。GPT-4 在各种自然语言处理任务上表现更加优异。无论是在传统的自然语言处理任务（如机器翻译、文本摘要和问答系统）还是在新兴任务（如对话生成、知识推理和代码生成）上，GPT-4 都能够取得更好的效果。这使得 GPT-4 成了各种应用场景的理想选择。

四是伦理和安全性。随着 GPT-4 性能的提升，伦理和安全性问题也受到了更多关注。OpenAI 和相关研究团队在模型发布过程中采取了一系列措施，以确保模型的安全性和可控性。例如，针对模型可能产生的有害内容，研究人员开发了相应的过滤器和监控系统。这有助于在现实应用中确保 GPT-4 的正面影响，减少潜在的负面影响。

1.1.4　ChatGPT 的应用场景

ChatGPT 作为一种先进的自然语言处理模型，在许多应用场景中具有广泛的实用价值。以下是一些常见的 ChatGPT 应用场景。

1.1.4.1　文本生成与摘要

ChatGPT 在文本生成和摘要方面具有很高的实用价值，主要体现在以下几个方面。

一是高质量文章生成。ChatGPT 具有强大的语言理解和生成能力，可以根据用户需求生成具有针对性、连贯性和一致性的高质量文章。这对于撰写新闻报道、专业文章或学术论文等各种类型的需求具有重要价值。

二是博客与故事创作。ChatGPT 可以帮助用户更轻松地创作吸引人的博客文章和故事。通过理解用户的创意意图，ChatGPT 能够生成生动、有趣、具有深度的文本内容，从而提高读者的阅读兴趣和满意度。

三是广告文案与营销内容。ChatGPT 可以快速生成具有吸引力和说服力的广告文案，帮助企业和市场营销人员更有效地推广产品和服务。

此外，它还可以生成各种营销内容，如邮件、社交媒体帖子和活动宣传材料，以提高营销活动的成功率。

四是个性化文本生成。ChatGPT 可以根据用户的特定需求和喜好生成定制化的文本内容。这使得用户能够得到更符合自己需求的文章、博客或故事，提高文本内容的实用性和吸引力。

五是长篇文本摘要。阅读和理解大量长篇文本会耗费大量时间和精力。ChatGPT 可以自动为这些文本生成简洁、准确的摘要，帮助用户快速获取关键信息，提高阅读效率。

六是多领域适用性。ChatGPT 可以广泛应用于不同领域的文本生成和摘要任务，如科技、医疗、金融、教育等。这使得 ChatGPT 能够为各行各业提供有价值的支持，提升工作效率和质量。

1.1.4.2　问答系统与知识获取

ChatGPT 可以构建智能的问答系统，用于解答用户的问题、提供实时信息和获取领域相关的知识。具体体现在如下方面。

一是理解能力。ChatGPT 具有强大的自然语言理解能力，能够准确识别和解析用户的问题，无论是简单的事实性问题还是复杂的推理问题，都可以找到合适的答案。

二是广泛的知识储备。ChatGPT 在训练过程中学习了大量的知识和信息，涵盖了各个领域。因此，它能够回答各种类型的问题，如科学、历史、艺术、技术、金融等，为用户提供全面的知识支持。

三是实时信息获取。ChatGPT 可以利用其强大的信息检索能力获取实时数据和信息，如新闻、天气、股票行情等，帮助用户获取最新的信息。

四是上下文理解。ChatGPT 能够理解多轮对话中的上下文信息，使得问答系统能够更好地为用户提供连贯、一致的回答，增强用户体验。

五是领域适应性。ChatGPT 可以应用于多个领域的问答系统，如医疗咨询、法律咨询、技术支持等。通过微调，ChatGPT 能够更好地适应特定领域的知识和语境，提高回答质量。

六是个性化回答。ChatGPT 可以根据用户的需求和喜好生成个性化的回答，提高用户满意度。例如，它可以根据用户的年龄、兴趣等特征提供更合适的建议和答案。

七是与其他系统集成。ChatGPT 可以轻松地与其他系统集成，如CRM、ERP、知识库等。这使得企业和组织能够利用 ChatGPT 构建强大的问答系统，提高工作效率和客户满意度。

1.1.4.3　机器翻译

ChatGPT 在多语言翻译任务中表现出色，可用于实现高质量的自动翻译服务，支持跨语言的交流与合作，主要包括以下几种。

一是精准翻译。ChatGPT 经过大量多语言数据的训练，具有很高的语言理解和生成能力。这使得它能够在翻译过程中准确捕捉原文的语义、语法和语境，提供精准的翻译结果。

二是支持多种语言。ChatGPT 支持多种语言的翻译，如英语、汉语、法语、德语、西班牙语等，能够满足用户在不同语言之间的翻译需求，促进跨语言的交流与合作。

三是自然语言生成。ChatGPT 在生成目标语言文本时，能够保证语言的流畅性和自然性。这意味着翻译结果不仅准确，还易于理解和阅读，增强了用户体验。

四是实时翻译。ChatGPT 可以快速地完成翻译任务，提供实时的翻译服务。这对需要及时沟通的场景，如在线会议、客户支持等，具有重要价值。

五是个性化翻译。ChatGPT 可以根据用户的需求和喜好提供个性化的翻译服务。例如，它可以根据用户的行业、领域和专业术语，生成更符合特定场景的翻译结果。

1.1.4.4　对话生成与智能客服

ChatGPT 可用于生成自然、连贯的对话，也可应用于智能客服系统，提供自动化、高效的客户支持服务。

一是自然对话生成。ChatGPT 具有出色的自然语言生成能力，能够生成自然、连贯的对话。这使得用户在与智能客服系统交流时感觉就像在与真人交谈一样，增强了用户体验。

二是自动化处理。ChatGPT 可以自动处理大量客户请求，减轻人工客服的负担，降低企业的运营成本。此外，智能客服系统可以 7×24 小时不间断地为客户提供服务，提高客户满意度。

1.1.4.5　社交媒体管理与推荐系统

ChatGPT 可以帮助管理社交媒体账户，发布有趣的内容、回复评论等。此外，它还可用于构建个性化的内容推荐系统，可以根据用户的需求和兴趣生成各种类型的有趣内容，如文章、博客、图片描述、视频简介等。这有助于吸引更多的粉丝和关注者，扩大社交媒体账户的影响力。

另外，ChatGPT 可以自动回复用户在社交媒体上的评论，提供及时的反馈和互动。这有助于增强与粉丝之间的联系，提高用户参与度。

这些应用场景仅是 ChatGPT 潜在用途的一部分，随着技术的不断进步，未来还将有更多创新应用出现。

1.2　语言模型与人工智能

1.2.1　语言模型的概念

语言模型是根据语言客观事实而进行的语言抽象数学建模，是一种对应关系。语言模型与语言客观事实之间的关系，如同数学上的抽象直线与具体直线之间的关系。语言模型比较适合于电子计算机进行自动处理，因而语言模型对于自然语言的信息处理具有重大的意义。

1.2.2　语言模型的类型

语言模型主要有三种类型：一是生成性模型；二是分析性模型；三是辨识性模型。

生成性模型是从一个形式语言系统出发，生成语言的某一集合，如 N. 乔姆斯基的形式语言理论和转换语法。

分析性模型是从语言的某一集合开始，根据对这个集合中各个元素的性质的分析，阐明这些元素之间的关系，并在此基础上用演绎的方法建立语言的规则系统，如苏联数学家 O.C. 库拉金娜和罗马尼亚数学家

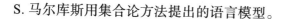

S. 马尔库斯用集合论方法提出的语言模型。

在生成性模型和分析性模型的基础上，把二者结合起来，便产生了一种很有实用价值的模型，即辨识性模型。辨识性模型可以从语言元素的某一集合及规则系统出发，通过有限步骤的运算，确定这些元素是一堆乱七八糟的词还是语言中合格的句子。例如，Y. 巴尔 – 希列尔用数理逻辑方法提出的句法类型演算模型。

1.2.3　人工智能与自然语言处理技术

人工智能在自然语言处理中扮演着越来越重要的角色，可以帮助计算机更好地理解和处理自然语言。人工智能技术可以应用于多个自然语言处理任务，如语音识别、机器翻译、问答系统、文本压缩、文本摘要、文本纠错等应用。在人工智能中，语言模型是非常重要的技术，它可以帮助计算机更好地理解和处理自然语言，从而完成更加智能化的自然语言处理任务。

然而，人工智能在自然语言处理中面临着许多挑战，归结为以下几点。

1.2.3.1　语言的多样性

不同的语言之间存在着很大的差异，而且同一语言中的方言、口音、俚语等会给处理带来困难。

1.2.3.2　语言的复杂性

自然语言具有很强的歧义性和多义性，语言规则和语法也非常复杂，这些都会给处理带来困难。

1.2.3.3 数据的稀缺性

许多自然语言处理任务需要大量的数据进行训练，但有些语言或领域的数据可能很难获取，这为处理带来困难。

1.2.3.4 语言的变化

自然语言随着时间和地域的变化而变化，计算机需要及时跟进这些变化，以保持准确性。

1.2.3.5 人工标注数据的成本

一些自然语言处理任务需要大量的人工标注数据，这需要大量的人力、物力和时间成本。

这些挑战需要我们不断探索和创新，探索更加先进的人工智能技术和算法，以更好地解决自然语言处理任务，推动人工智能的发展和应用。

第 2 章

自然语言处理基础

2.1 词汇表示：词嵌入与词向量

2.1.1 词汇表示的重要性

词汇表示指的是将自然语言中的单词或短语转换为计算机可以理解和处理的向量或矩阵形式。在自然语言处理领域中，词汇表示是一个重要的概念，它对各种自然语言处理任务都有重要的作用。

2.1.1.1 自然语言是高维稀疏的

自然语言中存在着大量的单词和短语，这些单词和短语之间的关系非常复杂，而且维度很高，这给自然语言处理任务带来了巨大的挑战。词汇表示通过将单词和短语转化为低维稠密向量的形式，将复杂的自然语言处理任务转化为向量空间的计算，从而降低了计算和处理的复杂度。

2.1.1.2 词汇表示可以提高自然语言处理任务的准确性

通过使用词汇表示，计算机可以更好地理解自然语言中的单词和短语，从而更准确地处理各种自然语言处理任务，如文本分类、情感分析、机器翻译等。

2.1.1.3　词汇表示可以提高自然语言处理任务的效率

使用词汇表示可以将计算机处理自然语言的效率大大提高，从而完成更快速、更高效的自然语言处理任务。

2.1.1.4　词汇表示是实现自然语言处理任务的重要基础

自然语言处理任务需要计算机能够理解自然语言，而词汇表示提供了一种将自然语言转化为计算机可以处理的形式的方法，因此，词汇表示是实现自然语言处理任务的重要基础。

2.1.2　词嵌入与词向量概述

词嵌入是自然语言处理（NLP）中语言模型与表征学习技术的统称。概念上而言，它是指把一个维数为所有词的数量的高维空间嵌入一个维数低得多的连续向量空间中，每个单词或词组被映射为实数域上的向量。而词向量从概念上讲，涉及从每个单词一维的空间到具有更低维度的连续向量空间的数学嵌入。

由此可见，词嵌入和词向量的概念相似，因此有时也被用作同义词。词嵌入和词向量通常使用无监督学习的方法，通过在大规模语料库上学习自然语言的上下文信息来学习单词或短语的表示方式。在无监督学习中，模型不需要标注的数据，只需要利用自然语言中的上下文信息，通过自动编码器、神经网络等方法来训练模型。

一般来说，词嵌入和词向量的表示方法都可以使用向量空间模型（Vector Space Model）来实现，其中每个单词或短语都表示为一个向量，向量的维度取决于语料库的大小和特定模型的要求。在向量空间模型中，单词或短语之间的相似度可以通过向量之间的距离、夹角等度量方式来计算。

词嵌入和词向量的应用非常广泛，如在文本分类、情感分析、机器翻译、对话生成等自然语言处理任务中都有应用。

2.1.3　基于共现矩阵的词向量

基于共现矩阵的词向量（Co-occurrence-based Word Vectors）是一种传统的词向量表示方法，它基于共现矩阵的概念，将单词之间的共现关系转化为向量表示。

基于共现矩阵的词向量方法的基本思想是：通过计算自然语言中每个单词在相邻的一定窗口大小内出现的频率，构建一个共现矩阵，然后对这个共现矩阵进行奇异值分解（Singular Value Decomposition，SVD）来得到词向量。

具体来说，共现矩阵的每一行和每一列分别代表着自然语言中的每个单词，矩阵中的每个元素代表着对应单词在一定窗口大小内共同出现的频率。共现矩阵是一个非常大的稀疏矩阵，因为自然语言中存在着大量的单词，并且每个单词只会与一小部分单词共同出现。因此，在使用共现矩阵方法时，需要对共现矩阵进行一些预处理和优化，如降低矩阵维度、过滤低频词等。

对共现矩阵进行奇异值分解可以得到每个单词的词向量，通常使用SVD方法来进行分解。SVD将共现矩阵分解成三个矩阵：一个左奇异矩阵、一个对角矩阵和一个右奇异矩阵。左奇异矩阵的每一列代表一个单词的词向量，对角矩阵则表示每个词向量的权重，右奇异矩阵则反映了单词之间的关系。这样，每个单词就可以用一个向量表示，这个向量的维度通常很高，一般为几百到几千维。

基于共现矩阵的词向量方法的优点在于简单易懂，而且能够处理大规模的自然语言数据。但是，它也有一些缺点，如它无法很好地处理语义和语法信息，而且需要大量的计算和存储资源。此外，当语料库很大时，共现矩阵很难处理，并且很容易出现过拟合的问题。因此，在现代自然语言处理领域中，基于共现矩阵的词向量已经逐渐被更加高效和准确的词向量表示方法所替代，如基于神经网络的词向量表示方法，如Word2Vec、GloVe 等。这些方法可以更好地捕捉语言中的语义和语法信息，具有更高的准确性和效率。

尽管如此，基于共现矩阵的词向量方法仍然具有一定的应用价值，特别是对于小规模的自然语言数据集。在某些情况下，基于共现矩阵的词向量方法可以提供更加稳定和可靠的结果。因此，它仍然是一个有价值的词向量表示方法，可以用于特定的自然语言处理任务。

2.1.4　基于神经网络的词向量

基于神经网络的词向量（Neural Network-based Word Vectors）也是一种在自然语言处理领域中广泛应用的词向量表示方法。这种方法通过训练神经网络模型，将自然语言中的单词或短语转换为低维度的实数向量，从而捕捉单词或短语的语义和语法信息。

基于神经网络的词向量方法有多种实现方式，其中最流行的是Word2Vec 和 GloVe。Word2Vec 使用两种方法来训练神经网络模型：

Skip-gram 和 CBOW。Skip-gram 方法尝试预测一个单词的上下文，而 CBOW 则尝试预测一个上下文中缺失的单词。GloVe（Global Vectors for Word Representation）是另一种基于神经网络的词向量方法，它将单词的共现统计信息转化为矩阵形式，并通过最小化两个单词向量的点积与它们的共现概率的差值来训练模型。

基于神经网络的词向量方法能够捕捉到单词或短语之间的语义和语法信息，并且可以通过训练大规模的语料库来获取更加准确的词向量表示。此外，基于神经网络的词向量方法通常使用密集向量表示，能够更好地处理自然语言处理任务。但是，基于神经网络的词向量方法需要大量的计算资源和训练时间，以及需要大量的标注数据进行监督训练。此外，基于神经网络的词向量方法还存在过拟合问题，需要进行优化。

基于神经网络的词向量方法已经在许多自然语言处理任务中取得了很好的表现，如文本分类、情感分析、机器翻译、问答系统等。这种方法还可以与其他自然语言处理技术结合使用，如深度学习、卷积神经网络、循环神经网络等，以提高自然语言处理任务的性能和效率。

2.1.5　词向量的应用：文本分类、情感分析等

2.1.5.1　词向量在文本分类中的应用

在文本分类中，使用词向量可以将文本表示为数学向量，然后使用机器学习算法对其进行分类。词向量能够很好地捕捉文本中的语义和语法信息，从而提高分类的准确性。例如，可以使用基于神经网络的词向量方法，如 Word2Vec 或 GloVe 来获得文本的向量表示，并将其输入分

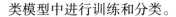

类模型中进行训练和分类。

2.1.5.2　词向量在情感分析中的应用

情感分析是指对文本的情感进行判断和分类的任务。在情感分析中，使用词向量可以将文本中的情感表达转化为数学向量，从而进行情感分类。词向量能够很好地捕捉文本中的情感信息，如词语的情感倾向、情感强度等，从而提高情感分析的准确性。例如，可以使用基于神经网络的词向量方法，如 Word2Vec 或 GloVe 来获得文本的向量表示，并将其输入情感分类模型中进行训练和分类。

2.1.6　词向量的评估方法：相似度、类比推理等

2.1.6.1　相似度评估

相似度评估是通过计算两个单词的词向量之间的余弦相似度来衡量它们在语义上的相似性。通常，相似度评估使用已知的词语相似度测试集，如 WordSim-353 和 SimLex-999，这些测试集包含了已经被人标注为相似或不相似的单词对。通过计算词向量之间的相似度，可以将其与人工标注的相似度进行比较，从而评估词向量的质量。

2.1.6.2　类比推理评估

类比推理评估是通过将类比问题转化为向量运算来衡量词向量的质量。例如，对于问题"男人对应女人，国王对应什么？"，可以通过计算"女人 - 男人 + 国王"的结果向量，然后找到与该向量最相似的单

词，如"王后"。类比推理评估通常使用已知的类比测试集，如 Google 的"word2vec"测试集，该测试集包含了各种类型的类比问题，如"首都 – 国家 = 城市 – 州"。

2.1.7 词向量的优化方法：负采样、层次化 softmax 等

2.1.7.1 负采样

负采样是一种用于优化 Word2Vec 模型的方法，目的是加快训练速度和提高词向量的质量。负采样的思想是将每个单词的出现概率替换为一些虚拟样本（负样本），并将训练过程转换为二元分类任务。负采样可以减少训练时计算的概率分布的数量，并且可以降低训练时计算梯度的复杂度。

2.1.7.2 层次化 Softmax（Hierarchical Softmax）

层次化 Softmax 是一种用于优化神经语言模型的方法，目的是减少训练时的计算量。在传统的 softmax 中，需要计算每个单词的输出概率，而在层次化 softmax 中，可以将所有单词组织成一个二叉树，并将输出概率的计算转换为在二叉树上的路径搜索。这种方法可以大大减少 softmax 的计算量，提高训练速度和模型的效率。

2.1.8　预训练语言模型中的词向量：ELMo、BERT 等

2.1.8.1　ELMo（Embeddings from Language Models）

ELMo 是一种基于深度双向语言模型（Deep Bidirectional Language Model，DBLM）的词向量方法。ELMo 使用双向 LSTM 模型对文本进行预训练，并生成多层动态词向量，每个词的向量表示取决于上下文的含义。这种方法能够捕捉单词的语义和语法信息，并且在多种自然语言处理任务中取得了很好的表现。

ELMo 模型的输入是一段文本，如一段话或一篇文章，它通过双向 LSTM 模型进行处理。在处理过程中，ELMo 使用两个方向的 LSTM 来捕捉文本中的语言信息。LSTM 的输出被用于生成多层词向量，其中每一层都包括一个前向 LSTM 和一个后向 LSTM。每个词的向量表示取决于它在上下文中的位置，以及它在上下文中的语义和语法信息。这些词向量被称为动态词向量，因为它们是在特定上下文中生成的，而不是像传统的词向量那样静态地预先计算。

2.1.8.2　BERT（Bidirectional Encoder Representations from Transformers）

BERT 是一种基于 Transformer 架构的预训练语言模型，包括多个嵌套的 Transformer 编码器。BERT 使用无标注数据进行训练，并生成多层词向量，每个词的向量表示取决于上下文。BERT 在自然语言处理任务中表现出色，特别是在问答系统和自然语言推理任务中。

BERT 模型的训练分为两个阶段：预训练阶段和微调阶段。在预训练阶段中，BERT 使用海量的无标注文本进行训练，目的是学习自然语

言处理任务中的语言表示。在微调阶段，BERT 使用标注数据对特定任务进行微调，如问答系统、文本分类、命名实体识别等。

BERT 使用 Transformer 编码器作为其基本构建块，其中包括多个嵌套的编码层。在每个编码层中，BERT 使用多头自注意力机制（Multi-Head Self-Attention）来处理输入文本，并生成多层词向量。每个词的向量表示取决于其在上下文中的位置和语义信息。这种方法能够更好地捕捉自然语言的复杂性和变化性。BERT 的训练需要大量的计算资源和存储空间，因此，在实际应用中需要考虑计算效率和存储空间的问题。

2.1.9　词向量的发展趋势和挑战

词向量作为自然语言处理领域的核心技术之一，在过去几年中得到了广泛的应用和发展。未来，词向量的发展趋势和挑战如下。

2.1.9.1　多语言词向量

由于语言的多样性和复杂性，未来的词向量需要支持多语言处理。这包括在多种语言中学习和推理词向量，以及将不同语言的词向量进行对齐和跨语言转换。多语言词向量能够更好地完成跨语言的信息交流和处理，提高自然语言处理任务的性能和效率。

2.1.9.2　领域自适应词向量

不同领域有着不同的特殊需求，未来的词向量需要能够进行领域自适应。例如通过对不同领域的数据进行预训练和微调来生成领域特定的词向量。

2.1.9.3　更好的上下文理解

自然语言具有一定的复杂性和变化性，未来的词向量需要能够更好地理解上下文信息和语言结构，能够使用更深层次的神经网络和自注意力机制来学习和推理动态词向量。

2.1.9.4　融合其他知识源

未来的词向量需要能够融合其他知识源，如知识图谱、语义网和社交媒体等。为了提高自然语言处理任务的准确性和鲁棒性，需要将词向量和知识图谱等外部知识源进行融合。

2.1.9.5　面临隐私和安全问题

由于词向量的广泛应用和使用，词向量也面临着隐私和安全问题。未来的词向量需要更好地保护个人隐私，并防止被恶意利用。

总之，未来的词向量需要更好地适应多语言、多领域和多知识源的要求，同时保护个人隐私和信息安全。这些挑战需要在技术和法律等方面进行解决，以推动自然语言处理技术的发展和应用。

2.2　语法解析：句法树与依存关系

2.2.1　语法解析概述

在自然语言处理中，语法解析是对自然语言理解的基础性研究，可以帮助计算机更好地理解自然语言文本的语言结构和语义信息。

语法解析主要关注的是句子的结构和组成成分之间的关系，以及它们与整个句子的语义关系。语法解析可以分为两种类型：基于短语结构的解析和基于依存关系的解析。基于短语结构的解析通过构建句子的句法树来表示句子的语法结构，而基于依存关系的解析则通过标注每个单词之间的依存关系来表示句子的语法结构。

2.2.2　句法树概述及其表示方法

2.2.2.1　句法树概述

句法树又称为句子结构树或语法树，是一种用来表示自然语言句子结构的树形结构。在句法树中，句子的每个组成部分都被表示为一个节点，不同组成部分之间的关系则通过不同类型的边连接起来。

句法树是基于短语结构语法的一种表示方法，它用一组规则来描述句子的语法结构，然后通过这些规则来构建句法树。在句法树中，叶节点表示句子中的词语，其他节点则表示短语或子句等语法结构。句法树的根节点表示整个句子。

句法树可以用来表示不同类型的句子结构，如简单句、复合句、并列句等。通过句法树，ChatGPT 可以更好地理解自然语言句子的语法结构和语义关系，从而更好地处理自然语言处理任务，如语义分析、机器翻译、自然语言生成等。

2.2.2.2　句法树的表示方法

句法树有多种表示方法，其中最常见的是基于括号表达式的表示方法和基于依存关系的表示方法。

一是基于括号表达式的表示方法。基于括号表达式的表示方法也称为短语结构句法树的表示方法，它是最常见的句法树表示方法之一。这种表示方法将句子的每个组成部分用括号括起来，并且用嵌套的括号表示不同的语法结构。

例如，下面是一个简单句子 "John saw the dog." 的句法树的括号表示方法，如图 2-1 所示。

```scss
(S (NP (NNP John))
   (VP (VBD saw)
       (NP (DT the)
           (NN dog)))
   (. .))
```

图 2-1　"John saw the dog." 的句法树括号表示方法

在这个表示方法中，"S"表示句子的根节点，"NP"表示名词短语，"VP"表示动词短语，"NNP"表示专有名词，"VBD"表示动词过去式，"DT"表示冠词，"NN"表示名词，而括号表示节点之间的嵌套关系。

二是基于依存关系的表示方法。基于依存关系的句法树表示方法是另一种常见的句法树表示方法。这种表示方法通过表示单词之间的依存关系来表示句子的结构。在这种表示方法中，每个单词都是一个节点，节点之间的边表示单词之间的依存关系。

例如，下面是一个简单句子"John saw the dog."的依存句法树的表示方法，如图 2-2 所示。

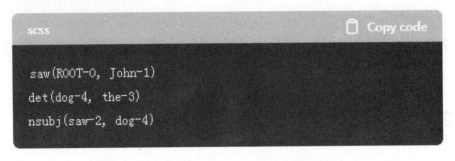

图 2-2 "John saw the dog."的依存句法树表示方法

在这个表示方法中，"ROOT"表示句子的根节点，数字表示单词在句子中的位置，"det"表示限定词，而"nsubj"表示主语。通过表示单词之间的依存关系，基于依存关系的句法树可以更好地表示句子的结构和语义关系，特别是在处理复杂的句子结构和长句时。

不同的句法树表示方法都有各自的优缺点，应根据实际需求选择合适的句法树表示方法。在实际应用中，通常会将不同的句法树表示方法结合起来使用，以更好地表示句子的结构和语义关系。

2.2.3　句法树的构建方法

本部分主要介绍两种句法树的构建方法，即基于规则的方法和基于统计学习的方法。

2.2.3.1　基于规则的方法

基于规则的方法是最早也是最常见的句法树构建方法之一。这种方法通过一组预定义的语法规则来生成句法树。这些规则通常是基于语言学知识和经验推导出来的，并且被编码成一个形式化的语法表示。

基于规则的句法树构建方法通常需要手动编写规则，因此，需要大量的语言学知识和经验。此外，由于自然语言的复杂性和多样性，规则的编写和维护也是非常困难的。尽管如此，基于规则的方法仍然被广泛应用于自然语言处理任务中。

2.2.3.2　基于统计学习的方法

基于统计学习的句法树构建方法是一种数据驱动的方法，它通过分析大量语料库中的句子和句法树数据，从中学习句法树的结构和规律。这种方法通常使用机器学习算法，如条件随机场（CRF）、递归神经网络（RNN）和卷积神经网络（CNN）等来实现。

与基于规则的方法相比，基于统计学习的方法不需要手动编写规则，而是通过机器学习算法从数据中自动学习语言结构和规律。这种方法在处理自然语言的复杂性和多样性方面具有更好的效果和性能，因此也被越来越广泛地应用于自然语言处理任务中。

2.2.4　句法树的应用

句法树在自然语言处理中有广泛的应用，以下列举几个常见的应用场景：

第一，句法树在语义分析中的应用。句法树可以提供语义信息，包括句子的意义和语法结构，因此，可以用于语义分析任务，如词义消歧、命名实体识别、语义角色标注等。

第二，句法树在机器翻译中的应用。句法树可以用于机器翻译任务，如将源语言句子转换成目标语言句子时，句法树可以帮助确定句子的结构和语义信息，从而提高翻译的准确性和流畅度。

第三，句法树在信息检索中的应用。句法树可以用于关键词提取，通过分析句子的结构和语法关系，识别出与查询词最相关的关键词，从而提高搜索结果的精度和相关性。另外，句法树还可以用于查询扩展，通过识别查询语句中的关键词，然后找到与这些关键词相关的同义词或近义词，扩展查询范围，提高搜索结果的召回率。

2.2.5　依存关系概述

依存关系用于描述句子中词语之间的依存关系。依存关系反映了句子中词语之间的语法关系，如主谓关系、动宾关系等。依存关系是句法分析的重要组成部分，通过分析句子中词语之间的依存关系，可以更准确地理解和处理句子的语义和语法结构。

在依存句法中，每个词语都被视为一个节点，它们之间的依存关系可以表示为一张有向无环图。图中的节点表示词语，边表示词语之间的依存关系，例如，一条由父节点指向子节点的边表示父节点与子节点之间存在依存关系。

依存关系可以分为两种类型：中心词依存和从属词依存。中心词依存是指一个中心词（通常是动词）与其他词语之间的依存关系，如主谓关系、动宾关系等。从属词依存是指一个词语与中心词之间的依存关系，如定语依存、状语依存等。

2.2.6　依存关系的表示方法

最常见的依存关系表示方法主要有两种，即依存树法和依存关系标记法。

2.2.6.1　依存树

依存树是一种基于有向无环图的依存关系表示方法。在依存树中，句子中的每个词语都表示为一个节点，而依存关系则通过边来表示。每条边都从一个节点指向另一个节点，表示这两个节点之间的依存关系。依存树通常以根节点为起点，以句子中心词（通常是动词）为根节点，构建起一棵有向树。

依存树中的节点表示句子中的词语，每个节点通常包括以下信息。

一是词语的文本内容。

二是词性标签。

三是依存关系类型。

依存树中的边表示词语之间的依存关系，每条边通常包括以下信息：依存关系类型；父节点和子节点。

2.2.6.2　依存关系标记法

在依存关系标记法表示中，每个词语被标记为一个特定的依存关系类型，例如主语、宾语、状语等。每个依存关系还包括一个头词和一个修饰词，表示修饰词依存于头词。

依存关系标记法常用的标记包括以下几种。

一是核心关系。核心关系通常表示主谓关系、动宾关系、定状关系等词语之间的主要依存关系。例如，主语和谓语之间的关系标记为"SBJ"（Subject）；宾语和动词之间的关系标记为"OBJ"（Object）；形容词修饰名词之间的关系标记为"ATT"（Attribute）。

二是附加关系。附加关系通常表示修饰词与其所修饰的名词之间的依存关系，如形容词修饰名词、副词修饰动词等。附加关系的标记通常以"A"和"ADV"为前缀，如形容词修饰名词的关系标记为"A–ATT"，副词修饰动词的关系标记为"ADV–CMP"。

三是标点符号。标点符号通常表示句子中各个部分之间的分割和组合关系，如句号表示句子结束，逗号表示从句和主句之间的连接关系等。标点符号的标记通常以"P"为前缀，如句号的关系标记为"P"。

2.2.7　依存关系的构建方法

依存关系是一种句子结构分析方法，用于描述单词之间的语法关系。构建依存关系的方法主要有四种，如图 2-3 所示。

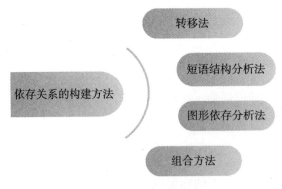

图 2-3　构建依存关系的方法

2.2.7.1　转移法（Transition-based approach）

这种方法将句子视为一个栈和一个缓冲区的序列，并通过一系列转移动作来构建依存关系。转移法的一个优点是可以通过多个并行线程进行处理，因此，可以处理大量的语料库。

具体来说，转移法将句子中的单词压入缓冲区，然后从缓冲区中选择一个单词作为当前单词，将其压入栈中。接下来，通过一系列转移动作，将栈中的单词依次与缓冲区中的单词相连，并形成依存关系。转移动作通常包括移进（shift）、规约（reduce）和换栈顶（swap）等操作。移进操作将当前单词从缓冲区中移动到栈顶，规约操作将栈顶的单词与其子节点合并为一个短语并将其弹出栈，换栈顶操作将栈顶的单词替换为另一个单词。

2.2.7.2　短语结构分析法（Phrase structure parsing）

这种方法将句子视为树形结构，并利用规则对其进行分析，得到句子中词语之间的语法关系。

短语结构分析法利用语法规则对句子进行分析，将其分解为一个个短语，然后将这些短语组合成一棵树。在这个树形结构中，每个节点表示一个短语，每个边表示两个短语之间的关系。通过分析这个树形结构，得到句子中单词之间的依存关系。

短语结构分析法的优点在于它可以较为准确地描述句子的语法结构，同时较为直观易懂。缺点是它需要较为复杂的语法规则和特征工程，且难以处理歧义和复杂的语言结构。

2.2.7.3 图形依存分析法（Graph-based dependency parsing）

图形依存分析法将句子中的单词作为节点，利用词性标注和句法分析等技术，将它们之间的依存关系表示为有向边。在这个依存关系图中，每个节点表示一个单词，每个边表示一个依存关系，边的方向表示依存关系的方向。

通过分析这个依存关系图，可以得到句子中单词之间的依存关系。与其他依存关系建构方法相比，图形依存分析法的优点在于它可以处理复杂的语言结构，并且可以利用图形算法进行优化。缺点是它需要较为复杂的特征工程和模型训练，以获得良好的性能。

总之，图形依存分析法是一种依存关系建构方法，它将句子中的单词作为节点，单词之间的依存关系作为边，构建一个依存关系图。通过分析这个依存关系图，可以得到句子中单词之间的依存关系。

2.2.7.4 组合方法（Hybrid approaches）

组合方法可以将转移法、短语结构分析法和图形依存分析法等多种方法进行结合。例如，可以先使用转移法将句子中的单词进行依存关系的初步建构，然后再利用短语结构分析法对句子进行进一步分析，最后使用图形依存分析法进行优化和修正，能够提高性能和准确度。但是，它需要较为复杂的模型和特征工程，且需要对不同方法进行合理的组合和调整。

2.2.8 依存关系的应用

依存关系在自然语言处理中有广泛的应用，以下是其中几个方面的具体应用。

第一，句法分析。依存关系可以用于句法分析，即对句子进行结构分析，得到句子中词语之间的依存关系。句法分析在很多自然语言处理任务中都是必需的，如机器翻译、问答系统等。

第二，命名实体识别。依存关系可以用于命名实体识别，即对句子中的人名、地名、组织名等命名实体进行识别。通过分析依存关系，可以识别出哪些单词是实体的一部分，进而提高识别准确率。

第三，自然语言生成。依存关系可以用于自然语言生成，即根据一些输入信息生成自然语言句子。通过分析依存关系，可以生成符合语法规则和语言习惯的句子。

2.2.9 句法树与依存关系的比较

句法树和依存关系都是用于描述句子中词语之间的语法关系的方法，但它们在结构、重点、表示以及应用方面有所不同。

2.2.9.1 结构

句法树是一种树形结构，将句子分解为一个个短语，并将这些短语组合成一棵树。在这个树形结构中，每个节点表示一个短语，每个边表示两个短语之间的关系。而依存关系是一种有向图，将句子中的单词作为节点，单词之间的依存关系作为边，构建一个依存关系图。在这个依存关系图中，每个节点表示一个单词，每个边表示一个依存关系，边的方向表示依存关系的方向。

2.2.9.2　重点

句法树重点是描述句子中的短语结构，即哪些单词组成了一个短语。而依存关系重点是描述单词之间的依存关系，即哪些单词之间存在语法关系。

2.2.9.3　表示

句法树可以很好地表示句子的结构，即每个短语的组成方式和层次结构。而依存关系可以很好地表示句子中单词之间的语法关系，即主谓关系、定状关系、动宾关系等。

2.2.9.4　应用

句法树可以用于分析句子的结构，从而完成机器翻译、文本生成、信息检索等任务。而依存关系可以用于句法分析、情感分析、命名实体识别等任务。

2.2.10　语法解析的挑战和发展趋势

语法解析的挑战主要集中在歧义消解、多语言解析、复杂语言结构、大规模语料处理四个方面。

第一，歧义消解。自然语言中存在很多歧义，同一个句子可能有多种解析方式，这给语法解析带来了挑战。如何进行歧义消解是一个重要的研究方向。

第二，多语言解析。不同语言的语法结构不同，如何进行跨语言的语法解析也是一个挑战。在多语言解析中，如何处理语言之间的结构差异是一个难点。

第三，复杂语言结构。某些语言中存在复杂的语言结构，如德语和俄语中的复合词，这也给语法解析带来了挑战。

第四，大规模语料处理。现代自然语言处理需要处理大规模的语料库，如何高效地处理这些数据也是一个挑战。如何在大规模语料库上训练高效的语法解析器是一个难点。

除了以上的挑战外，语法解析也有着一些发展趋势。近年来，深度学习技术在语法解析中得到了广泛的应用。基于深度学习的语法解析器在一些任务中已经获得了较好的效果。语法解析在多模态解析方面也有很大的发展趋势，其不仅可以应用于文本分析，还可以应用于图像、音频等多种形式的数据分析。如何进行多模态语法解析也是一个重要的研究方向。

语法解析在自然语言处理中具有重要的地位，但也存在一些挑战和发展趋势。未来，我们可以利用新的技术和方法来克服这些挑战，进一步提高语法解析的效率和准确度。

2.3　语义理解：实体识别与关系抽取

2.3.1　语义理解概述

语义理解旨在对文本进行语义分析和推理，从而理解文本中的意思。与传统的文本处理方法不同，语义理解不仅关注文本表面的字面意义，还考虑了文本中潜在的语义和上下文信息。

语义理解的目标是从文本中提取出其中包含的实体、关系和事件等语义信息，并对其进行分析和推理。其中，实体指文本中的具体对象，如人名、地名、组织名等；关系指实体之间的语义关系，如人和组织之间的从属关系、地点和时间之间的关系等；事件指文本中的行为或动作，如购买、旅游、演出等。

为了实现语义理解，需要运用各种自然语言处理技术，如词性标注、命名实体识别、句法分析、情感分析等。此外，语义理解还需要结合知识图谱、本体论、逻辑推理等方法，以进一步提高对文本的理解和推理能力。

2.3.2　实体识别

2.3.2.1　实体识别概述

实体识别的目的是在从文本中识别出具有特定意义的实体，如人名、地名、组织名、日期、时间、货币、百分数等。实体识别可以帮助我们快速了解文本中的重要信息，从而完成自然语言处理中的许多任务，如信息抽取、知识图谱构建等。

在实体识别任务中，首先需要进行分词和词性标注，以确定文本中的单词和其词性。然后，利用各种技术和方法，如规则匹配、统计模型、机器学习等，对文本中的单词序列进行分类，确定其中哪些是实体，并识别出实体的类型和位置。

实体识别任务的难点在于文本中存在大量的歧义，如同一实体可能有多种表述方式，而不同实体也可能具有相同的名称。因此，实体识别

需要结合各种先验知识和上下文信息，以提高识别准确度和效率。

2.3.2.2 实体识别的方法

一是基于规则的方法。基于规则的方法是最早的实体识别方法之一。它主要利用一些固定的规则和模式匹配来识别实体，如通过识别单词的前缀或后缀等方式。这种方法最早被应用于邮政编码、电话号码等特定领域的实体识别任务。随着自然语言处理技术的发展，基于规则的方法逐渐被基于统计模型、机器学习和深度学习的方法所替代，但在某些场景下仍然具有一定的应用价值。

基于规则的方法优点是简单易懂、易于实现和调整，同时可以准确地匹配预定义的规则。缺点是需要耗费大量时间和精力来设计和调整规则，而且无法处理未出现在规则中的实体和复杂的语言结构。因此，在实际应用中，基于规则的方法通常需要与其他方法结合使用，以提高实体识别的准确性和效率。

二是基于统计模型的方法。基于统计模型的方法是一种基于数据的实体识别方法。它通过学习文本中实体出现的统计规律来识别实体。常用的统计模型包括隐马尔可夫模型、最大熵模型、条件随机场等。

这种方法需要大量的标注数据作为训练集，然后使用统计模型对训练集进行学习，得到一个实体识别模型。在使用时，将训练好的模型应用于新的文本，以识别其中的实体。该方法可以处理大量的歧义，但是需要足够的训练数据。

基于统计模型的方法通常涉及特征选择和特征权重的计算。在实体识别中，特征可以是单词的词性、上下文信息、前缀和后缀等，根据实体识别任务的特点和需求选择不同的特征。特征权重通常是通过训练数据来计算的，以确定每个特征对实体识别的贡献度。通常使用的训练算法包括最大熵模型、支持向量机、条件随机场等。

三是基于机器学习的方法。基于机器学习的方法通过机器学习算法来学习文本中实体的特征，并进行分类。常用的机器学习算法包括支持向量机、决策树、随机森林等。

在实体识别中，特征可以是单词的词性、上下文信息、前缀和后缀等，根据实体识别任务的特点和需求选择不同的特征。与基于统计模型的方法类似，基于机器学习的方法也需要大量的标注数据作为训练集，然后使用机器学习算法对训练集进行学习，得到一个实体识别模型。在使用时，将训练好的模型应用于新的文本，以识别其中的实体。

基于机器学习的方法与基于统计模型的方法类似，但是相比于基于统计模型的方法，它更加灵活，可以自适应地选择和调整特征和算法，以提高实体识别的准确性和效率。此外，基于机器学习的方法还可以处理多种类型的实体和多种语言的文本。随着深度学习技术的发展，基于机器学习的方法也在不断演化。例如，使用卷积神经网络、循环神经网络等深度学习模型来提取文本中的特征，并进行分类。这些方法在实体识别任务中取得了不错的效果。

四是基于深度学习的方法。基于深度学习的方法是最近发展起来的一种实体识别方法。它通过深度神经网络来学习文本中实体的特征，并进行分类。常用的深度学习模型包括卷积神经网络、循环神经网络、BERT等。

该方法主要分为两个阶段：特征提取和实体分类。特征提取阶段通过深度神经网络自动提取文本中的特征，如单词的嵌入表示、卷积特征或循环特征等。实体分类阶段使用softmax或其他分类器将提取的特征映射到实体类别，如人名、地名等。

基于深度学习的方法可以自动提取文本中的特征，无须手动设计特征，因此具有更高的灵活性和泛化能力。此外，它还可以处理复杂的语言结构，如长距离依赖和歧义。

2.3.3　关系抽取

2.3.3.1　关系抽取概述

关系抽取是信息抽取的基本任务之一，目的是识别文本实体中的目标关系。

关系抽取通常涉及多个子任务，包括实体识别、关系类型分类、关系参数抽取等。首先，实体识别是识别文本中的实体。其次，关系类型分类是确定实体之间的关系类型，如"父亲""母亲"等。最后，关系参数抽取是抽取关系中的参数，如父亲和母亲的名字、年龄等。

关系抽取在很多领域中都有广泛的应用，如社交网络分析、知识图谱构建、信息检索等。在社交网络分析中，关系抽取可以帮助分析人际关系网络，从而推断出人们之间的联系和兴趣。在知识图谱构建中，关系抽取可以帮助构建实体之间的关系图，从而帮助机器理解知识和概念之间的联系。在信息检索中，关系抽取可以帮助检索引擎更好地理解用户的查询意图，从而提供更准确的搜索结果。

2.3.3.2　关系抽取的方法

关系抽取的方法与实体识别的方法一样有三种。

一是基于规则的方法。基于规则的方法通过手动编写一系列规则和模板来抽取实体之间的关系。这些规则和模板通常是基于领域知识和语言专业知识设计的，可以识别文本中的特定模式和关键词，从而抽取实体之间的关系。

基于规则的方法包括以下步骤。

第一，实体识别。需要识别文本中的实体，如人名、地名、组织名等。

第二，模板设计。根据领域知识和语言专业知识，设计一系列规则和模板，以识别实体之间的关系。这些规则和模板可以基于文本中的特定词汇、词性标注、语法结构等。

第三，匹配和抽取。使用设计好的规则和模板匹配文本，抽取实体之间的关系。

基于规则的方法需要专业知识和大量的人工劳动，但是当规则和模板被设计得好时，这种方法可以达到较高的准确性和可解释性。另外，基于规则的方法可以定制化和扩展性强，可以根据具体的应用场景进行优化和调整。

二是基于机器学习的方法。基于机器学习的方法使用已标注的语料库来训练一个关系抽取模型，自动学习语言规律和实体之间的关系。

基于机器学习的关系抽取方法包括以下步骤：

第一，特征提取。从文本中提取有用的特征，例如单词、词性、依存关系、实体类型等。

第二，样本生成。使用已标注的语料库生成训练样本，样本通常由实体对、实体间的句子以及它们之间的关系类型组成。

第三，模型训练。使用机器学习算法来训练关系抽取模型，常用的算法包括支持向量机、决策树、朴素贝叶斯等。训练过程中需要调整模型参数，以提高模型的准确性和泛化能力。

第四，测试和评估。使用测试集来测试模型的性能，并使用评估指标（如准确率、召回率）来评估模型的性能。

基于机器学习的关系抽取方法需要大量的标注数据，并且需要大量的特征收集工程。但是，相比于基于规则的方法，它具有更高的自动化和泛化能力。此外，它还可以利用大量的语料库进行训练，并且可以处理复杂的语言结构和歧义。

三是基于深度学习的方法。与基于机器学习的方法相比，基于深度学习的方法可以自动提取更抽象的语义特征，并且可以处理更复杂的语言结构和语义关系。

基于深度学习的关系抽取方法步骤如下：

第一，序列编码。将文本序列编码成固定长度的向量表示，常用的编码器包括循环神经网络（RNN）、长短时记忆网络（LSTM）、门控循环单元（GRU）等。

第二，特征提取。从文本序列的向量表示中提取有用的语义特征，通常使用卷积神经网络（CNN）、自注意力机制（Self-Attention）等方法。

第三，关系分类。使用分类器对实体之间的关系类型进行分类，通常使用全连接层或多层感知机（MLP）来实现。

第四，模型训练。使用已标注的语料库来训练关系抽取模型，调整模型参数，以提高模型的准确性和泛化能力。

第五，测试和评估。使用测试集来测试模型的性能，并使用评估指标（如准确率、召回率）来评估模型的性能。

基于深度学习的方法需要大量的标注数据和计算资源，并且对模型的调参和训练有较高的要求。但是，相比于传统的方法，它可以自动提取更抽象的语义特征，具有更高的灵活性和准确性。

2.3.4　实体识别与关系抽取的关系

实体识别旨在从文本中识别出特定类型的实体，如人名、地名、组织名等，而关系抽取旨在从文本中抽取实体之间的语义关系。两个任务的关系如下：

首先，实体识别是关系抽取的前置任务。在进行关系抽取之前，需要先识别文本中的实体，以确定实体之间的关系。例如，在分析新闻报道时，需要先识别人名、地名、组织名等实体，然后才能分析它们之间的关系。

其次，实体识别和关系抽取的结果相互影响。实体识别的准确性会直接影响到关系抽取的准确性，如果实体识别出现错误，那么关系抽取的结果会受到影响。同样，关系抽取的准确性也会影响到实体识别的准确性，因为在进行关系抽取时，可以利用实体之间的关系来提高实体识别的准确性。

最后，实体识别和关系抽取的方法通常是相似的。两个任务都可以采用基于规则、基于机器学习和基于深度学习的方法进行。在实践中，实体识别和关系抽取通常是串联进行的，先进行实体识别，再进行关系抽取。此外，还可以使用联合模型来同时处理实体识别和关系抽取，以提高两个任务的协同效率和准确性。

综上所述，实体识别和关系抽取是自然语言处理中两个密切相关的任务，它们互相影响，相互促进，有着相似的方法和技术。

2.3.5　语义理解的发展趋势

随着自然语言处理技术的不断发展，语义理解领域也在不断发展和创新。以下是语义理解发展的一些趋势。

2.3.5.1　多模态语义理解

随着多模态数据的普及，多模态语义理解变得越来越重要。多模态语义理解旨在从多个模态的数据中提取语义信息，如从文本、图像、音频、视频等数据中提取语义信息。这将有助于机器更好地理解人类语言和行为。

2.3.5.2　深度学习在语义理解中的应用

深度学习技术在自然语言处理中取得了重大突破，尤其在语义理解方面。深度学习方法可以自动学习语言规律和语义信息，从而提高语义理解的准确性和效率。

2.3.5.3　知识图谱的应用

知识图谱是一种语义网络，可以表示实体之间的关系和属性信息。在语义理解中，知识图谱可以提供背景知识和语义信息，以帮助机器更好地理解文本中的语义信息。

2.3.5.4　个性化语义理解

随着个性化服务和推荐系统的普及，个性化语义理解变得越来越重要。个性化语义理解旨在根据用户的个性化需求和偏好，提供更加准确和个性化的语义理解服务。

2.3.5.5　跨语言语义理解

随着全球化的发展，跨语言语义理解变得越来越重要。跨语言语义理解旨在将自然语言处理技术应用于多种语言，以实现跨语言交互。

第 3 章

深入了解GPT架构

3.1 GPT 系列的演进

3.1.1 GPT 系列概述

GPT（Generative Pre-trained Transformer）系列是由 OpenAI 发布的一系列基于 Transformer 模型的预训练语言模型，它们在自然语言处理领域取得了重大突破和成功。

GPT 系列的模型都采用了 Transformer 模型，这是一种基于自注意力机制（Self-Attention）的神经网络结构，具有良好的并行化性能和能够捕捉全局语义信息的能力。GPT 系列的模型使用了大量的语料库进行预训练，并通过 Fine-tuning 的方式在各种自然语言处理任务上进行微调，取得了令人瞩目的成绩。

GPT 系列的模型在自然语言处理领域中广泛应用，随着模型的不断升级和优化，GPT 系列在自然语言处理领域中的地位也越来越重要。

在 GPT 系列中，最为著名的是 GPT-3，它是目前公认的最强的语言模型之一，具有多种精度和体积规模，其最大的版本有将近 1 750 亿个参数，可用于生成高质量的自然语言文本。GPT-3 的成功引起了广泛的关注和研究，也推动了自然语言处理领域的发展。

3.1.2　GPT-1：基于 Transformer 的语言模型

GPT-1 是 GPT 系列中的第一个模型，是基于 Transformer 模型的预训练语言模型。

GPT-1 的模型结构采用了 Transformer 的编码器部分，其中包括多头自注意力机制，残差连接和前馈神经网络，编码器对叠层、输出层等组件。

输入嵌入层：输入嵌入层将输入序列中的每个单词映射到一个低维向量空间中，并添加位置编码以思考单词在句子中的位置。

多头自注意力机制：多头自注意力机制是 Transformer 架构的核心组成部分之一。它通过对输入序列中的每个单词进行自注意力计算来捕捉单词之间的交互关系。在 GPT-1 中，它采用了 6 个相同的注意力头。

前馈神经网络：前馈神经网络用于在多头注意力机制的基础上进一步提取特征。具体来说，它采用了两个全连接层和一个 ReLU 激活函数。

编码器堆叠层：GPT-1 由 12 个相同的编码器堆叠层组成，每个编码器堆叠层由一个多头自注意力机制和一个前馈神经网络组成。每个编码器堆叠层的输出将作为下一层的输入。

输出层：输出层是 GPT-1 模型的最后一层，它通过一个线性变换和一个 softmax 函数将编码器堆叠层的输出转换为单词的概率分布。

该模型在预训练阶段使用了通用语料库，包括网页、文本、书籍等，以学习通用的语言表示。在微调阶段，GPT-1 可以用于各种自然语言处理任务，如语言生成、文本分类、问答系统和机器翻译等。

GPT-1 在发布后受到了广泛的关注和研究，其取得的成绩在多项自然语言处理任务上都处于领先的水平。此外，GPT-1 的开源代码和预训练模型也为研究人员和开发者提供了有力的工具和资源。

虽然 GPT-1 在模型规模和准确性方面都不及后续版本，但它是GPT 系列的开端，为后续版本的发展提供了基础和启示，同时对预训练语言模型在自然语言处理领域的应用和发展作出了重要贡献。

3.1.3　GPT-2：更大、更强的语言模型

GPT-2 是 GPT 系列中的第二个模型。相较于 GPT-1，GPT-2 在模型规模和准确性上都有了大幅度的提升。

GPT-2 的模型结构仍然采用了 Transformer 的编码器部分，但相较于 GPT-1，它的模型规模更大。GPT-2 在预训练阶段使用了更多、更广泛的语料库，包括网页、书籍等，以学习更加通用的语言表示方式。GPT-1 中采用了残差连接和层归一化来加速训练和提高性能，但这种方式可能会破坏输入序列中的位置信息，因此，GPT-2 在残差连接中去掉了层归一化。

在微调阶段，GPT-2 的表现也相较于 GPT-1 更加出色，可以用于各种自然语言处理任务，如文本生成、问答系统、机器翻译等。

为了提高模型的鲁棒性和泛化能力，GPT-2 采用了随机删除部分输入的方式来训练模型。具体来说，每次训练时，模型会随机删除输入序列中的一些单词，并要求模型预测这些单词。这种方法能够促使模型更好地学习输入序列中的局部信息，从而提高模型的泛化能力。

在控制生成结果方面，GPT-2 模型采用了一种名为"样本方式"的生成策略，可以在一定程度上控制生成结果的多样性和质量。同时，

GPT-2 还引入了一种名为"无条件生成"的方式，可以在没有任何输入条件的情况下生成连续的文本片段。

　　GPT-2 的发布也引起了一些争议，由于其强大的生成能力和可塑性，一些人担心它可能被滥用，用于制造虚假信息和欺诈行为。因此，OpenAI 对 GPT-2 进行了限制，仅开放了其中部分模型，以减缓其潜在的负面影响。

3.1.4　GPT-3：一次性改变自然语言处理的游戏规则

　　GPT-3 是 GPT 系列中的第三个模型，相较于 GPT-1 和 GPT-2，GPT-3 在模型规模和性能上都有了质的飞跃，可以说是一次性改变了自然语言处理的游戏规则。

　　GPT-3 的模型规模达到了惊人的上千亿个参数，是 GPT-2 的十倍以上。GPT-3 在预训练阶段使用了大量的通用语料库，包括维基百科、图书、新闻等，以学习更加通用、更加精细的语言表示方式。在微调阶段，GPT-3 的表现相较于前两个版本也有了质的飞跃，可以用于各种自然语言处理任务，如文本生成、问答系统、语言翻译、文本分类等。相较于 GPT-2，GPT-3 的推理速度更快，这得益于模型的并行计算和其他优化技术的应用。

　　GPT-3 在发布后引起了广泛的关注和研究，其具有的强大的语言生成能力和文本理解能力令人瞩目。例如，GPT-3 可以用极少量的文本提示来完成生成文本的任务，比如生成诗歌、新闻报道等（图 3-1）。GPT-3 还可以用于问答系统，在接受类似于自然语言的问题时，给出准确的答案。此外，GPT-3 还可以用于语言翻译、文本分类等任务，其表现均优于现有技术水平。

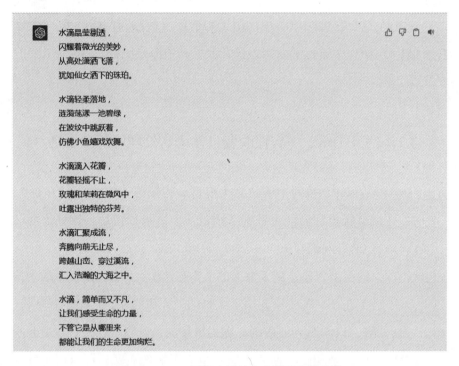

图 3-1　GPT-3 用极少量的文本提示生成诗歌

3.1.5　GPT-Neo：一个基于开源技术的 GPT-3 替代方案

GPT-Neo 是一个基于开源技术的 GPT-3 替代方案，由 EleutherAI 团队开发。与 GPT-3 不同，GPT-Neo 是一个开源项目，其目的是打破 GPT-3 的专有壁垒，并为研究人员和开发者提供自由和开放的预训练语言模型。

　　GPT–Neo 的设计与 GPT–3 相似，也是基于 Transformer 模型的预训练语言模型。GPT–Neo 的模型规模从小型模型开始，到最大规模的模型共有 1.3 亿个参数，比 GPT–3 小了一个数量级，但是其预训练模型的训练数据集是 GPT–3 的几倍。目前，GPT–Neo 已经有了相当不错的表现，其在多项自然语言处理任务上都取得了比较好的成绩。

　　与 GPT–3 不同，GPT–Neo 的代码和模型都是完全开源的，任何人都可以下载并使用。这使得 GPT–Neo 更加灵活和可定制，而且对于研究人员和开发者来说也更加友好和透明。通过这种开源的方式，GPT–Neo 可能会带来更多的创新和进步，同时有望推动自然语言处理领域的发展。

　　总体来说，GPT–Neo 是一个非常有前途的项目，它提供了一个可行的 GPT–3 替代方案，并将预训练语言模型的发展推向了更加开放和自由的方向。

3.1.6　GPT-4：未来可能的发展方向

　　目前，GPT 系列还没有发布 GPT–4 的计划或消息，但是我们可以从 GPT 系列的发展趋势和自然语言处理的研究方向来探讨 GPT–4 可能的发展方向。

　　首先，GPT–4 可能会进一步扩大和提高模型规模和性能。当前最大的 GPT–3 模型已经达到了 1 750 亿个参数，但是一些研究人员已经开始探索更大的模型，如使用超过 1 万亿个参数的 GShard 模型。GPT–4 可能会尝试进一步扩大和提高模型规模和性能，以进一步提高自然语言处理的能力和效果。

其次，GPT-4可能会探索更加多样化和灵活的预训练模型。当前的预训练语言模型主要是基于无监督学习的方式，通过大量的语料库来学习通用的语言表示。但是，未来的GPT-4可能会探索更加多样化和灵活的预训练模型，如引入监督学习、强化学习等技术，以学习更加丰富和复杂的语言表示。

再次，GPT-4可能会更加注重语言理解和推理的能力。当前的GPT系列主要关注于自然语言生成和文本理解，但是未来的GPT-4可能会更加注重语言理解和推理的能力，以更加贴近人类的语言处理方式。

最后，GPT-4可能会更加注重个性化和多样性的语言处理。当前的预训练语言模型主要是学习通用的语言表示，但是未来的GPT-4可能会更加注重个性化和多样性的语言处理，以更好地适应不同的应用场景和用户需求。

3.2　Transformer架构

3.2.1　Transformer架构的基本原理

Transformer架构是一种基于自注意力机制（self-attention mechanism）的神经网络架构，它可以处理序列数据，包括文本、语音等。与传统的循环神经网络（Recurrent Neural Networks，RNNs）和卷积神经网络（Convolutional Neural Networks，CNNs）不同，Transformer架构没有

显式的循环结构或卷积结构，而是通过自注意力机制来获取序列中不同位置的相关性，以便更好地建模序列中的上下文信息。

Transformer 架构的基本原理包括以下几个方面：

3.2.1.1 自注意力机制

自注意力机制是 Transformer 架构的核心概念之一。自注意力机制通过将输入序列中每个位置向量与其他位置向量进行相似度计算来得到一个权重向量，然后将权重向量与序列中的每个位置向量进行加权平均，得到该位置的上下文向量表示。在 Transformer 架构中，自注意力机制通常通过多头注意力机制来实现，以提高模型的性能。

相比传统的 RNNs 和 CNNs，自注意力机制具有以下几个优点。

第一，能够处理任意长度的输入序列，不需要预定义固定的输入长度。

第二，能够学习到输入序列中不同位置之间的关系，捕捉序列中的长距离依赖关系。

第三，可以并行计算，因此，在计算效率上比 RNNs 和 CNNs 更高。

第四，不受固定顺序的限制，可以在任意顺序下计算输入序列。

3.2.1.2 多头注意力机制

多头注意力机制是自注意力机制的一种扩展形式。在多头注意力机制中，输入向量首先通过线性变换被映射到多个向量子空间，然后在每个子空间中独立计算注意力权重和上下文向量。具体来说，对于每个头，模型会将输入向量通过一个线性变换矩阵进行变换，然后在变换后的向量上执行自注意力机制，从而得到每个头的输出结果。最后，多个头的输出结果会被拼接在一起，并通过一个线性变换矩阵进行变换，得到最终的多头注意力输出结果。

多头注意力机制可以使模型学习到输入序列中不同方面的信息，从而提高模型的性能。例如，在机器翻译任务中，多头注意力机制可以允许模型同时关注源语言句子中的不同词汇和语法结构，以及目标语言句子中的不同词汇和语法结构，从而提高翻译的准确性。

3.2.1.3 残差连接和层归一化

为了加速训练和提高模型的鲁棒性，Transformer 架构还采用了残差连接和层归一化等技术。它可以将原始输入数据的信息保留在模型中，从而更容易地学习到序列中的重要特征。在 Transformer 架构中，每个子层都包含一个残差连接，将输入向量与该子层的输出向量相加。这样，在每个子层的输出结果中，除了包含该子层的计算结果，还包含了原始输入数据的信息，使得模型更容易学习到序列中的长期依赖关系。

层归一化是一种减少内部协变量位移的技术，它可以使得模型在训练时更加稳定和鲁棒。在 Transformer 架构中，每个子层都包含一个层归一化操作，用于标准化该子层的输出向量。具体来说，对于每个子层的输出向量，层归一化会减去均值并除以标准差，从而消除了该子层输出向量中的内部协变量位移。这样，层归一化可以使得模型更加稳定，更容易训练，同时能够提高模型的鲁棒性和泛化能力。

3.2.1.4 位置编码

位置编码是一种为序列中每个位置分配独特编码向量的技术，以便模型能够学习到序列中的位置信息。Transformer 架构使用了一种基于正弦和余弦函数的位置编码方式，将位置编码与输入向量相加来获得序列中的位置信息。具体来说，位置编码是一组固定的向量，其维度等于输入嵌入向量的维度，每个位置对应一个独特的位置编码向量。

3.2.2　Transformer 编码器和解码器

编码器和解码器是 Transformer 架构中的两个核心组件，编码器和解码器都是由多个子层组成的，其中每个子层都包含了自注意力机制、前馈神经网络和残差连接等模块。编码器和解码器的主要区别在于输入数据的不同，编码器接收输入序列并生成上下文向量，而解码器接收编码器生成的上下文向量以及目标序列，并生成目标序列的预测值。

编码器是由多个相同的子层堆叠而成的，每个子层包含了一个自注意力机制和一个前馈神经网络。每个编码器子层中的自注意力机制会对输入序列中的每个元素进行注意力计算，得到一个加权平均后的上下文向量。这个上下文向量包含了整个序列的信息，并通过前馈神经网络进行处理，得到该子层的输出向量。编码器的输出是最后一个编码器子层的输出向量，该向量包含了整个输入序列的信息，被称为编码器的上下文向量。

编码器的每个子层结构相同，因此，可以使用参数共享的方式来减少模型的参数数量，从而提高模型的训练效率和泛化能力。另外，在 Transformer 架构中，还使用了残差连接和层归一化等技术，进一步提高了模型的性能。

解码器也由多个相同的子层堆叠而成，每个子层包含了一个自注意力机制、一个编码器－解码器注意力机制和一个前馈神经网络。解码器的输入是目标序列，其中每个元素也是一个向量表示。在解码器的每个子层中，自注意力机制会对目标序列中的每个元素进行注意力计算，得到一个加权平均后的上下文向量，编码器－解码器注意力机制会对编码器生成的上下文向量进行注意力计算，得到一个加权平均后的编码器上下文向量。这两个上下文向量会被拼接在一起，并通过前馈神经网络进行处理，得到该子层的输出向量。解码器的输出是最后一个子层的输出向量，该向量可以被用来生成目标序列的预测值。

3.2.3 Transformer 架构的优缺点分析

3.2.3.1 Transformer 架构的优点

一是捕捉长距离依赖。在传统的循环神经网络（RNN）中，信息的传递只依赖于前一个时刻的隐藏状态，因此，对于距离当前时间步较远的信息，很难通过隐藏状态来进行传递。这就导致了 RNN 在处理长序列时存在梯度消失或梯度爆炸等问题，限制了其在实际应用中的表现。

相比之下，Transformer 架构中的自注意力机制可以在不需要依赖于先前的词汇或位置信息的情况下，将序列中的任意两个位置联系起来。这种机制使得 Transformer 能够更好地捕捉长距离依赖关系，从而优化了其在自然语言处理任务中的表现。

二是并行计算。Transformer 架构中，每个子层之间可以独立计算，因此，可以实现高效的并行计算。这种设计使得 Transformer 可以利用现代 GPU 等硬件平台的并行计算能力，大大提高了模型的训练和推理速度。此外，子层之间的计算是相互独立的，因此，可以使用更多的计算资源来加速模型的训练和推理，从而进一步提高模型的效率和性能。

三是参数共享。Transformer 架构中，每个子层具有相同的结构，因此，可以使用参数共享的方式来减少模型的参数数量，提高模型的训练效率和泛化能力。另外，由于 Transformer 架构中的每个子层都具有相同的结构，因此，可以方便地进行模型的复杂度调整，从而进一步提高模型的性能和泛化能力。此外，参数共享的设计也可以降低模型的存储空间，减少内存消耗，提高模型的部署效率。

四是对长度变化适应性强。Transformer 架构中的自注意力机制可以在不需要依赖于先前的词汇或位置信息的情况下，将序列中的任意两个位置联系起来。这种机制使得 Transformer 能够更好地适应不同长度的序列，并且可以处理较长的序列，而不会出现梯度消失或梯度爆炸等问题。

此外，Transformer 架构中的位置编码技术也可以为序列中的每个位置分配独特的编码向量，从而使得模型能够对位置信息进行建模，进一步提高对序列长度变化的适应性。

3.2.3.2　Transformer 架构的缺点

一是训练数据依赖性。由于 Transformer 架构需要大量的数据来训练模型，特别是对于较大的模型来说，需要更多的数据来保证其效果。这也导致了训练数据的质量和数量成为影响模型性能的重要因素。

同时，由于 Transformer 架构的自注意力机制和位置编码技术是基于统计学习方法的，因此，对于一些低频词和长文本序列的处理能力相对较弱，需要更多的训练数据来保证其效果。

另外，对于一些特定的任务，如医疗、金融等领域的自然语言处理任务，需要更加专业的数据和领域知识来训练模型，以保证其性能和效果。因此，在这些领域应用 Transformer 架构需要更加慎重，并且需要更多的领域专家来参与模型的设计和训练。

二是学习率大小的选择。通常情况下，学习率的过大或过小都会导致模型的性能下降。如果学习率过小，模型收敛速度会很慢，而如果学习率过大，则会导致模型无法收敛，甚至出现梯度爆炸的问题。

对于大规模的 Transformer 模型来说，选择合适的学习率更加困难，需要通过多次实验和调整才能找到最优的学习率。此外，由于模型中存在许多超参数，如层数、隐藏单元数、头数等，这些超参数的选择也会对模型性能产生影响。

针对学习率的选择问题，一些研究者提出了一些基于自适应优化算法的方法，如 Adam 和 Adagrad 等，来自动调整学习率，从而降低手动调整学习率的复杂度。但是，这些方法也并非完美无缺，仍需要根据具体情况进行选择和调整。

三是计算资源要求高。由于 Transformer 模型的复杂性和规模，需要大量的计算资源来训练和推理模型。对于较大的模型，需要更高级别的硬件和大规模的分布式计算，如 GPU 集群和云计算资源，才能满足其计算需求。

此外，由于 Transformer 模型的计算密集性和内存占用较大，也可能会导致内存不足或计算速度较慢的问题。

针对计算资源的需求问题，一些研究者提出了一些轻量级的 Transformer 模型，如 TinyBERT 和 DistilBERT 等，来缓解计算资源的需求。但这些轻量级的模型也存在一定的性能损失。

四是对于一些特定任务的表现并不是最好的模型。虽然 Transformer
架构在自然语言处理领域取得了很大的成功，但它并不是在所有任务
上表现最好的模型。例如，在一些需要结合视觉和语言信息的任务上，
如图像描述生成和视觉问答等，一些基于注意力机制和卷积神经网络
（CNN）的模型可能会表现更好。

另外，Transformer 架构对于一些需要对话交互和语境感知的任务，
如聊天机器人和情感分析等，其表现也可能并不是最优的。这是因为
Transformer 模型并没有考虑到语境和对话历史等信息，这些信息对于
这些任务来说非常重要。因此，在实际应用中，需要根据具体任务的要
求和特点，选择最适合的模型和方法，以达到最优的性能和效果。

五是解释性较差。由于 Transformer 架构是基于深度学习和神经网
络的方法，其内部的计算过程是由大量的神经元和参数组成的，这使得
理解模型的具体决策和推理过程变得非常困难。特别是对于一些需要对
模型决策进行解释的应用场景，如医疗诊断和法律推理等，这个问题变
得尤为重要。

近年来，一些研究者提出了一些基于可解释性的方法，如 LIME 和
SHAP 等，来解释深度学习模型的决策和推理过程。但这些方法仍然存
在一些局限性，需要在实践中不断探索和改进。因此，在实际应用中，
需要注意模型的可解释性问题，并针对具体任务和场景，采用合适的解
释性方法，以实现模型的可解释性和可信度。

3.2.4 Transformer 在机器翻译任务中的应用

Transformer 在机器翻译任务中的应用表现非常优秀，被认为是目

前最先进的机器翻译模型之一。

传统的机器翻译方法，如统计机器翻译（SMT）和基于规则的翻译方法，存在着一些问题，如对长距离依赖关系的捕捉能力较弱，对语言上下文的处理不够充分等。而 Transformer 模型通过自注意力机制和位置编码等技术，能够更好地捕捉输入序列的语言上下文和长距离依赖关系，从而提高翻译质量。

Transformer 模型通过编码器和解码器相结合的方式进行翻译。编码器将输入的源语言句子转换为一系列的隐藏表示，而解码器则利用这些隐藏表示生成目标语言句子。

在编码器中，输入的源语言句子首先通过一个嵌入层将其转化为向量表示，并通过位置编码捕捉输入序列中单词之间的位置关系。然后，这些向量表示经过多个相同的自注意力子层和前馈神经网络进行处理，得到最终的隐藏表示。

在解码器中，目标语言句子的生成过程类似于编码器。首先，目标语言句子通过嵌入层转化为向量表示，并通过位置编码捕捉单词之间的位置关系。然后，这些向量表示经过多个相同的自注意力子层、编码器－解码器注意力子层和前馈神经网络进行处理，得到最终的输出表示。

通过这种方式，Transformer 模型能够有效地捕捉输入序列和输出序列之间的依赖关系和语言上下文，从而提高机器翻译的质量。同时，由于 Transformer 模型具有并行计算和参数共享等优势，因此，其在训练和推理时能够快速高效地处理大规模的翻译任务。

3.2.5　Transformer 架构的未来发展趋势

Transformer 架构是目前自然语言处理领域最先进的模型之一，但它仍然存在一些问题和局限性，未来的发展趋势可能会涉及以下方面。

3.2.5.1　更高的解释性

如前所述，Transformer 架构的解释性较差，难以解释模型内部的决策和推理过程。因此，未来的发展趋势可能会涉及提高 Transformer 模型的可解释性，以便更好地理解其决策和推理过程。

3.2.5.2　更好的学习算法

目前的 Transformer 模型采用的是基于反向传播的优化算法，但该算法存在梯度消失和梯度爆炸等问题，难以训练非常深的模型。因此，未来的发展趋势可能会涉及研究更好的学习算法，以提高模型的训练效率和性能。

3.2.5.3　更好的架构设计

虽然 Transformer 架构已经非常强大，但在处理某些任务时仍然存在一些问题。因此，未来的发展趋势可能会设计更好的 Transformer 架构，以便更好地解决各种自然语言处理问题。

3.2.5.4　更好的预训练策略

目前的 Transformer 模型采用的是基于无监督预训练的策略，但这种策略存在一些局限性，如需要大量的数据和计算资源，且在某些任务上效果不佳。因此，未来的发展趋势可能会涉及研究更好的预训练策略，以提高模型的效果和效率。

3.2.5.5　更好的应用场景

虽然 Transformer 模型在各种自然语言处理任务中都取得了良好的效果，但其应用场景仍然有限。未来的发展趋势可能会涉及探索更广泛的应用场景，如语音识别、图像描述和视频理解等。

第4章

ChatGPT生成式模型

4.1 ChatGPT 生成式模型概述

4.1.1 生成式模型的定义和应用领域

4.1.1.1 生成式模型的定义

生成式模型（Generative Model）是一种用于建模概率分布的机器学习模型，可以用于生成与训练数据相似的新数据。与判别式模型（Discriminative Model）相对应，生成式模型不仅可以预测输出结果，还可以学习如何生成这些结果。

生成式模型的目标是学习数据背后的概率分布，从而可以用这个模型来生成新的数据样本。这些模型可以用于各种应用，如自然语言处理、图像处理、音频处理等。

生成式模型包括很多不同的算法，如朴素贝叶斯分类器、高斯混合模型、变分自编码器（VAE）、生成对抗网络（GAN）等。每种算法都有自己的特点和优势，可以根据具体的问题选择最适合的模型。

4.1.1.2 生成式模型的应用领域

生成式模型可以生成具有某些特定属性或结构的数据。生成式模型可以应用于许多领域，包括以下几个方面：

一是自然语言处理（NLP）。生成式模型在 NLP 领域中被广泛应用，如文本生成、文本摘要、机器翻译、对话系统等。通过使用生成式模型，可以生成自然语言文本，模拟人类语言交流过程。

文本生成：生成式模型可以生成与训练数据类似的文本。其中，语言模型是一种常见的生成式模型，可以根据给定的前缀生成连续的文本。例如，给定前缀"今天天气很"，语言模型可以生成后续的文本，如"晴朗，温度适宜"。

机器翻译：生成式模型可以将源语言文本翻译成目标语言文本。其中，编码 – 解码模型是一种常见的生成式模型，可以将源语言文本编码为一个向量，然后将该向量解码为目标语言文本。例如，给定源语言文本"我爱你"，编码 – 解码模型可以生成目标语言文本"Je t'aime"。

文本摘要：生成式模型可以将长文本摘要为短文本。其中，序列到序列模型是一种常见的生成式模型，可以将长文本编码为一个向量，然后将该向量解码为短文本。例如，给定长文本"这是一篇有关自然语言处理的文章"，序列到序列模型可以生成短文本"自然语言处理简介"。

对话系统：生成式模型可以模拟人类语言交流过程，从而实现对话系统。其中，递归神经网络模型（RNN）和变分自编码器（VAE）模型是常见的生成式模型，可以对用户的输入进行响应，并生成相应的回答。

情感分析：生成式模型可以分析文本的情感倾向。其中，情感词典是一种常见的生成式模型，可以对文本中的情感词进行打分，并生成文本的情感分值。

二是计算机视觉（CV）。在计算机视觉领域中，应用生成式模型可以完成图像生成、图像风格迁移、图像修复、图像分割、超分辨率等任务。

图像生成：生成式模型可以生成具有特定属性或特征的图像。其中，生成对抗网络（GAN）是一种常见的生成式模型，可以训练一个生成器网络，生成与真实图像相似的图像。例如，GAN可以生成逼真的照片或艺术作品。

图像风格迁移：生成式模型可以将一张图像的风格迁移到另一张图像上。其中，风格迁移网络是一种常见的生成式模型，可以将图像的内容和风格分别表示为不同的特征，并将它们重组为一张新图像。例如，风格迁移可以将一张普通的照片转化为绘画风格的图像。

图像修复：生成式模型可以修复损坏或缺失的图像部分。其中，图像修复网络是一种常见的生成式模型，可以在损坏或缺失的图像部分中生成像素值。例如，图像修复可以修复损坏的照片中的缺失部分。

图像分割：生成式模型可以将图像分割成不同的区域或对象。其中，分割网络是一种常见的生成式模型，可以将图像分割成具有不同标签的区域。例如，分割可以将图像中的不同物体或背景分开。

超分辨率：生成式模型可以将低分辨率图像转化为高分辨率图像。其中，超分辨率网络是一种常见的生成式模型，可以生成高分辨率的图像，并从低分辨率图像中恢复更多的细节和纹理。例如，超分辨率可以将模糊的照片变得更清晰。

三是音频处理。生成式模型在音频处理中也有很多应用，以下是其中一些常见的应用。

语音合成：生成式模型可以生成自然语音。其中，WaveNet模型是一种常见的生成式模型，可以根据给定的文本生成具有流畅语调和良好音质的语音。例如，语音合成可以应用于智能音箱、无人驾驶汽车、语音辅助应用程序等。

音乐生成：生成式模型可以生成自然的音乐。其中，LSTM 神经网络模型是一种常见的生成式模型，可以根据给定的音乐样本生成新的音乐作品。例如，音乐生成可以应用于音乐制作、音乐教育和音乐推荐等。

音频增强：生成式模型可以将噪声音频转换为高质量音频。其中，自编码器是一种常见的生成式模型，可以在低质量音频的基础上生成高质量音频。例如，音频增强可以应用于电话会议、音乐会等。

语音转换：生成式模型可以将一个人的语音转换为另一个人的语音。其中，CycleGAN 模型是一种常见的生成式模型，可以在两个不同说话人之间转换音频，从而实现语音转换。例如，语音转换可以应用于游戏开发、电影制作、语音模仿等。

语音识别：生成式模型可以将语音转换为文本。其中，递归神经网络模型（RNN）和卷积神经网络模型（CNN）是常见的生成式模型，可以从音频中提取特征并生成文本。例如，语音识别可以应用于语音搜索、音视频字幕、实时翻译等。

四是强化学习。在强化学习中，生成式模型发挥着重要作用，其具体应用如下。

自适应游戏 AI：生成式模型可以生成游戏中的非玩家角色（NPC）的行为和策略。其中，生成式对抗网络（GAN）和变分自编码器（VAE）模型是常见的生成式模型，可以让游戏 AI 自主地生成行为和策略，从而实现自适应游戏 AI。例如，生成式模型可以应用于电子竞技、虚拟现实等。

自主驾驶汽车：生成式模型可以帮助自主驾驶汽车作出决策和规划。其中，生成对抗网络（GAN）和变分自编码器（VAE）模型是常见的生成式模型，可以帮助自主驾驶汽车预测道路、车辆和行人等情况，并生成相应的行驶策略。例如，生成式模型可以应用于自动驾驶汽车、智能交通系统等。

游戏AI学习：生成式模型可以帮助游戏AI学习游戏中的策略和行为。其中，深度生成式模型是常见的生成式模型，可以生成与游戏玩家类似的行为和策略，从而让游戏AI学习更有效。例如，生成式模型可以应用于电子游戏开发、人工智能学习等。

机器人学习：生成式模型可以帮助机器人学习复杂的动作和策略。其中，生成式对抗网络（GAN）和变分自编码器（VAE）模型是常见的生成式模型，可以生成机器人的动作和行为，并进行策略学习。例如，生成式模型可以应用于工业机器人、医疗机器人等。

多智能体系统：生成式模型可以帮助多智能体系统协作和决策。其中，生成对抗网络（GAN）和变分自编码器（VAE）模型是常见的生成式模型，可以帮助智能体之间生成相应的行动和策略，从而实现协作和决策。例如，生成式模型可以应用于智能物流系统、智能交通系统等。

4.1.2　ChatGPT 生成式模型的基本原理

4.1.2.1　自回归模型的基本原理

自回归模型是一种生成式模型，其基本原理是根据前面已经生成的序列来生成下一个序列元素。自回归模型的核心思想是将序列的概率分解为每个元素给定前面元素的条件概率的乘积，然后使用这个条件概率分布来生成新的序列元素。

自回归模型的基本原理可以用以下的方式表示：

$$P(x_1, x_2, ..., x_n)=P(x_1) \times P(x_2|x_1) \times P(x_3|x_1, x_2) \times ... \times P(x_n|x_1, x_2, ..., x_{n-1})$$

其中，$P(x_i|x_{i-1}, ..., x_1)$ 表示给定前面已经生成的序列元素 x_{i-1}, x_{i-2}, ..., x_1 的条件下，生成下一个序列元素 xi 的概率。自回归模型根据这个概率分布生成序列，一次生成一个元素，直到生成整个序列。

自回归模型可以使用不同的方法来建模条件概率分布。最常用的方法是使用递归神经网络（RNN）、长短时记忆网络（LSTM）或者变换器网络（Transformer）来建模条件概率分布。

这些模型都具有记忆能力，可以捕捉序列中的长期依赖关系，从而更好地建模条件概率分布。

4.1.2.2　生成式模型的实现方式

生成式模型可以通过多种方式来实现，以下是其中一些常见的实现方式。

一是递归神经网络（RNN）。RNN 是一种序列模型，可以用于生成序列数据。RNN 模型包含一个输入层、一个隐藏层和一个输出层。在生成式任务中，输入层通常是单个向量，代表上下文信息，如前面生成的文本或音频信号等。隐藏层的神经元通过计算当前时间步的输入和前一时间步的隐藏状态来产生当前时间步的隐藏状态。输出层的神经元将隐藏状态映射到一个向量，该向量表示当前时间步的生成结果。

在训练过程中，RNN 的目标是最小化生成序列与真实序列之间的差异，通常使用最大似然估计方法来计算损失。训练过程中，可以使用反向传播算法来更新模型参数，使得生成的序列更加接近真实序列。

RNN具有很好的序列建模能力，可以捕捉序列数据中的时间依赖关系，从而生成连贯和有意义的序列数据。在自然语言处理中，RNN常被用来生成文本、对话和翻译等任务；在音频处理中，RNN则可用于生成语音和音乐等任务。

二是隐马尔可夫模型（HMM）。HMM是一种基于概率模型的生成式模型，常被用于识别或生成时间序列数据，如语音识别和文本生成。HMM通过定义状态和状态之间的转移概率以及状态与观察值之间的概率来建模数据生成过程。

HMM将序列中的每个元素看作从一系列"隐含状态"生成而来的，这些状态是不可被观测到的，但是可以通过观察序列元素推断出来。具体地，HMM模型由两个部分组成：状态转移矩阵和观测概率矩阵。状态转移矩阵定义了在不同状态之间转移的概率，而观测概率矩阵则定义了在不同状态下产生不同观测值的概率。通过这两个矩阵，HMM可以模拟序列数据的生成过程。

在训练过程中，HMM的目标是学习状态转移矩阵和观测概率矩阵，使得模型能够最好地描述观测数据的概率分布。可以使用最大似然估计等方法来计算模型参数。在预测时，HMM可以利用已知的观测值，根据模型计算出概率最大的状态序列，从而生成相应的序列数据。

三是变分自编码器（VAE）。VAE是一种生成式模型，通过学习输入数据的潜在分布来进行生成。VAE包含两个主要部分：编码器和解码器。编码器将输入数据映射到一个潜在空间中，将输入数据压缩成潜在空间中的一些参数，如均值和方差。解码器将潜在空间中的点映射回到输入数据空间中，生成与原始数据相似的新数据。在训练过程中，VAE的目标是最小化原始数据与生成数据之间的差异，同时保持潜在空间中的数据分布与高斯分布相似，这样就可以实现在潜在空间中进行采样并生成新数据。

在使用 VAE 生成新数据时，可以在潜在空间中随机采样一个点，然后通过解码器将该点映射回到输入数据空间中，生成新的数据。通过调整采样的点，可以控制生成的数据的特征，从而生成不同风格、不同质量的数据。

四是生成对抗网络（GAN）。GAN 是一种通过对抗训练的方式来生成数据的模型。GAN 包含一个生成器和一个判别器，生成器用来生成数据，判别器用来判断数据是否是真实的。在训练过程中，生成器和判别器互相博弈。具体来说，生成器生成一组数据，并将生成的数据送给判别器进行判断。判别器根据生成器生成的数据和真实数据的不同，给出一个概率值来表示生成数据为真实数据的可能性。如果生成器生成的数据被判别器认为是真实数据，则生成器得到奖励，并且判别器也需要重新调整自己的判别标准；如果生成器生成的数据被判别器认为是伪造数据，则生成器受到惩罚，并且判别器也需要重新调整自己的判别标准。在训练过程中，生成器和判别器通过反向传播算法来更新自己的参数，使得生成的数据更加逼真，同时判别器的判断能力也得到了提高。

通过不断地对抗训练，生成器和判别器逐渐趋于稳定，生成的数据质量也逐渐提高，达到了期望的生成效果。GAN 的对抗学习过程可以视为一种零和博弈，生成器和判别器互相博弈，通过不断地调整自己的策略来逐步优化生成效果。这种对抗学习的思想可以应用于其他领域，如强化学习中的博弈论等。

总之，生成式模型可以通过多种方式来实现，每种实现方式都有其独特的优点和适用范围，人们可以根据具体需求和应用场景选择适合的生成式模型。

4.2 ChatGPT 生成式模型的改进

4.2.1 模型训练的优化

模型训练的优化可以从以下几个方面入手。

4.2.1.1 数据预处理

数据预处理是优化 ChatGPT 生成式模型训练的重要一环。在训练前，需要对输入数据进行预处理，以便模型更好地理解数据的语义和结构。

对于文本数据，可以进行如下的预处理：

第一，分词。将文本数据按照单词或字符进行划分，以便模型更好地理解数据的语义。

第二，去除停用词。将一些常用但没有实际意义的词语（如"的"，"是"等）从文本中去除，以提高模型的性能和效率。

第三，词性标注。将每个单词标注其词性，以帮助模型更好地理解文本数据的含义。

第四，数据清洗。将数据中的噪声、错误和异常值进行清洗，以提高模型的鲁棒性和泛化能力。

对于图像数据，可以进行如下的预处理：

第一，数据增强。通过旋转、翻转、裁剪等方式对图像数据进行增强，以增加训练数据的多样性，提高模型的鲁棒性和泛化能力。

第二，数据裁剪和归一化。将图像数据进行裁剪和归一化处理，以保证输入数据的尺寸和范围一致，提高模型的训练效果和泛化能力。

第三，数据集平衡。保证不同类别的图像数据在训练集中的数量相等或相近，以避免模型的偏差和不平衡性。

4.2.1.2 模型结构优化

通过调整模型结构，可以提高模型的表达能力，使得模型更容易捕捉输入数据的复杂特征。用来优化 ChatGPT 生成式模型结构的技术有很多种，下面介绍常见的几种，如图 4-1 所示。

图 4-1 生成式模型结构优化的四种常见技术

一是增加模型深度和宽度。对于模型深度的优化，可以通过增加模型的层数来实现。例如，在原始的 GPT 模型中，模型的深度为 12 层；在 GPT-2 模型中，模型的深度增加到了 48 层；在 GPT-3 模型中，模型的深度更进一步增加到了 175 亿个参数，达到了 175 层。

对于模型宽度的优化，可以通过增加模型的隐藏单元数来实现。例如，在 GPT-2 模型中，模型的隐藏单元数从原来的 768 个增加到了 2048 个；在 GPT-3 模型中，模型的隐藏单元数进一步增加到了 4 096 个。

同时，还可以通过增加模型的注意力头数来提高模型的表现。在 GPT-2 模型中，模型的注意力头数从原来的 12 个增加到了 32 个；在 GPT-3 模型中，模型的注意力头数进一步增加到了 2 048 个。

二是添加注意力机制。在 ChatGPT 生成式模型中，可以添加多头注意力机制。多头注意力机制将输入数据划分为多个头，每个头都可以注意不同的信息，然后将不同头的注意力加权和作为最终的输出。这种方式可以使模型更好地捕捉输入数据的复杂特征，从而提高模型的表现。

多头注意力机制的步骤如下：

第一，将输入数据通过线性映射得到查询向量、键向量和数值向量。

第二，计算查询向量和键向量的相似度得到注意力分数。

第三，对注意力分数进行 softmax 归一化，得到注意力权重。

第四，将注意力权重乘以数值向量得到加权和表示。

第五，将不同头的加权和拼接起来得到最终输出。

三是添加残差连接。残差连接可以帮助解决深度神经网络训练困难的问题，提高模型的鲁棒性和稳定性。

在 ChatGPT 生成式模型中，可以添加残差连接来避免模型训练过程中的梯度消失或梯度爆炸问题。残差连接是一种可以在网络中传递残差信号的技术，它可以将输入和输出相加并传递给下一层网络。这样做的好处是可以避免模型在深度过大时出现梯度消失或梯度爆炸问题。

残差连接可以分为以下几个步骤：

第一，将输入数据通过一层非线性变换得到特征表示。

第二，将输入数据直接连接到输出数据上，并相加得到最终的输出数据。

第三，将最终的输出数据通过一层非线性变换得到新的特征表示。

通过残差连接，模型可以更好地利用输入数据的信息，减少训练过程中的信息损失，从而优化模型的表现和效果。

需要注意的是，添加残差连接会增加模型的参数量，因此，需要在权衡模型表现和计算开销之间作出选择。

四是增加多任务学习。增加多任务学习是一种可以提高 ChatGPT 生成式模型结构泛化能力的技术。多任务学习可以将不同的任务结合起来进行训练，从而让模型更好地理解输入数据的不同方面，提高模型的泛化能力和效果。

在 ChatGPT 生成式模型中，可以结合多个任务进行训练。例如，可以将生成式任务和文本分类、语言模型等任务结合起来进行训练。这种方式可以让模型更好地理解输入数据的不同方面，从而提高模型的泛化能力和效果。

具体而言，增加多任务学习可以分为以下几个步骤：

第一，定义多个任务。需要在训练前定义多个任务，每个任务都有自己的数据集和标签。

第二，定义损失函数。需要定义一个综合多个任务的损失函数，通常使用加权和的方式将不同任务的损失函数相加。

第三，训练模型。需要将模型结合多个任务进行训练，优化综合损失函数。在训练过程中，需要随机选择一个任务进行训练，以避免模型对某个任务过拟合。

4.2.1.3　正则化

正则化可以帮助控制模型的复杂度，避免模型在训练数据上过拟合，提高模型的泛化能力。常用的正则化方法有以下几种，如图4-2所示。

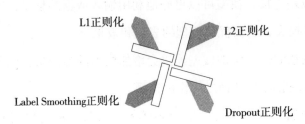

L1正则化　　　　　　L2正则化

Label Smoothing正则化　　　　Dropout正则化

图4-2　常用的正则化方法

一是 L1 正则化。L1 正则化是一种常用的正则化方法，可以通过向模型的损失函数添加 L1 范数惩罚项来控制模型的复杂度。L1 正则化可以使得模型的权重更加稀疏，去除无用的特征，提高模型的泛化能力。

在 ChatGPT 生成式模型中，L1 正则化可以表示为以下的损失函数：

$$L = L_{\text{data}} + \lambda \sum_i |\omega_i|$$

其中，L_{data} 表示模型在训练数据上的损失函数，ω_i 表示模型的权重，$\sum_i |\omega_i|$ 是 L1 正则化的超参数，用来控制正则化项的强度。

L1 正则化的主要优点是可以使得模型的权重更加稀疏，去除无用的特征，提高模型的泛化能力。通过 L1 正则化，模型可以更好地适应新的数据，降低过拟合的风险。

但是 L1 正则化可能会使得模型的收敛速度变慢，需要在权衡模型表现和训练时间之间作出选择。此外，L1 正则化对于神经网络中的稀疏连接有一定的要求，因此，在一些情况下可能不适用。

二是 L2 正则化。与 L1 正则化相似，L2 正则化可以通过向模型的损失函数添加 L2 范数惩罚项来控制模型的复杂度。L2 正则化可以使得模型的权重更加平滑，减少权重的震荡，提高模型的泛化能力。

在 ChatGPT 生成式模型中，L2 正则化可以表示为以下的损失函数：

$$L = L_{\text{data}} + \lambda \sum_i (\omega_i)^2$$

其中，L_{data} 表示模型在训练数据上的损失函数，ω_i 表示模型的权重，$\sum_i (\omega_i)^2$ 是 L2 正则化的超参数，用来控制正则化项的强度。

L2 正则化可以使模型的权重更加平滑，减少权重的震荡，提高模型的泛化能力。通过 L2 正则化，模型可以更好地适应新的数据，降低过拟合的风险。由于 L2 正则化可能会使模型的收敛速度变慢，因此，使用时应当加强注意。

三是 Dropout 正则化。Dropout 正则化是一种常用的正则化方法，可以通过随机丢弃神经元来减少模型在训练数据上的过拟合风险，提高模型的泛化能力。

在 ChatGPT 生成式模型中，Dropout 正则化可以表示为以下的损失函数：

$$L = L_{\text{data}} + \alpha \sum_i r_i h_i$$

其中，L_{data} 表示模型在训练数据上的损失函数，$r_i h_i$ 示神经元的输出，r_i 是一个 Bernoulli 分布的随机变量，取值为 0 或 1，表示神经元是否被丢弃，$\sum_i r_i h_i$ 是一个超参数，用来控制 Dropout 的强度。

在训练过程中，Dropout 正则化会以一定的概率随机丢弃一些神经元，从而减少模型在训练数据上的过拟合风险。在测试过程中，所有的神经元都会被保留，但是每个神经元的输出会乘以训练时丢弃的概率，以保证输出的期望值不变。

四是 Label Smoothing 正则化。Label Smoothing 正则化可以通过对标签数据进行平滑处理来减少模型在训练数据上的过拟合风险，提高模型的泛化能力。

在 ChatGPT 生成式模型中，Label Smoothing 正则化可以表示为以下的损失函数：

$$L = (1-\epsilon)L_{\text{data}} + \epsilon L_{\text{smoothing}}$$

其中，L_{data} 表示模型在训练数据上的损失函数，$(1-\epsilon)L_{\text{data}}$ 是一个超参数，用来控制平滑的程度，$L_{\text{smoothing}}$ 是标签数据的平滑损失函数。

平滑损失函数可以表示为：

$$L_{\text{smoothing}} = -\sum_{i=1}^{k} \frac{1-\epsilon}{k-1}y_i + \frac{\epsilon}{k-1}$$

其中，k 是标签的种类数，y_i 表示正确标签的概率。

在训练过程中，Label Smoothing 正则化会对正确标签的概率进行平滑处理，从而减少模型在训练数据上的过拟合风险。平滑处理可以使得模型更加鲁棒，适应更广泛的输入数据。

4.2.1.4　损失函数的设计

合适的损失函数可以提高模型的性能和泛化能力，有效地降低模型在训练数据上的错误率。

在 ChatGPT 生成式模型中，常用的损失函数包括以下几种：

一是交叉熵损失函数。交叉熵损失函数是一种常用的损失函数，用

于度量模型输出的概率分布与真实概率分布之间的差异。在 ChatGPT
生成式模型中，交叉熵损失函数可以表示为：

$$L = -\sum_{i=1}^{T} \log\left(P\left(y_i \mid y_1, \ldots, y_{i-1}, x\right)\right)$$

其中，T 表示输出序列的长度，y_i 表示第 i 个输出的标记，x 表示输入
序列。

　　二是 KL 散度损失函数。KL 散度损失函数用于衡量两个概率分布
之间的距离，可以用于度量模型生成的分布与真实分布之间的差异。在
ChatGPT 生成式模型中，KL 散度损失函数可以表示为：

$$L = D_{KL}\left(P_{\text{data}}\left(y \mid x\right) \| P_{\text{model}}\left(y \mid x\right)\right)$$

其中，$P_{\text{data}}(y|x)$ 表示真实的分布，$P_{\text{model}}(y|x)$ 表示模型生成的分布。

　　三是对比损失函数。对比损失函数常用于学习相似度，用于度量两
个向量之间的相似度。在 ChatGPT 生成式模型中，对比损失函数可以
表示为：

$$L = -\log \frac{e^{f(x_i, y_i)}}{e^{f(x_i, y_i)} + \sum_{j=1, j \neq i}^{n} e^{f(x_i, y_j)}}$$

其中，$f(x_i, y_i)$ 表示输入序列和输出序列的相似度。

　　不同的损失函数适用于不同的场景，需要根据具体情况选择合适的
损失函数，并根据训练数据和模型的表现进行调整。同时，在选择损失
函数时还需要考虑模型的优化效率和训练时间等因素。

4.2.1.5　学习率调整

学习率调整可以有效地提高模型的收敛速度和泛化能力。学习率是优化算法中的一个关键参数，控制着模型参数的更新速度。合适的学习率可以使模型收敛更快，优化模型的表现，而过高或过低的学习率则会影响模型的性能。

在ChatGPT生成式模型中，常用的学习率调整方法包括以下几种：

一是固定学习率。固定学习率是最简单的学习率调整方法，直接固定学习率不变。这种方法的主要优点是简单易用，不需要复杂的参数调整过程，可以快速得到一个基本上可以工作的模型。但是，固定学习率的缺点是容易出现过拟合或欠拟合等问题，可能会导致模型性能不稳定。

在ChatGPT生成式模型中，固定学习率的设置可以通过设置超参数来实现。通常情况下，初始学习率可以设置为较大的值，如0.001或0.01，然后在训练过程中逐渐降低学习率，以使模型在训练后期更加稳定。同时，为了防止模型过早收敛，可以在模型训练过程中添加一些正则化方法。

二是学习率衰减。学习率衰减是一种常用的学习率调整方法，可以逐渐减小学习率，使模型在训练后期更加稳定。学习率衰减通常采用一些函数来描述学习率的变化过程，这些函数通常称为学习率调度器（scheduler）。常见的学习率衰减方法包括按指数衰减、按固定步长衰减、按余弦函数衰减等。

三是自适应学习率。自适应学习率是一种基于梯度的学习率调整方法，可以根据梯度的大小和方向自适应地调整学习率。常见的自适应学习率方法包括 Adagrad、Adadelta、Adam 等。

4.2.1.6　批量归一化

批量归一化（Batch Normalization，BN）可以加速网络收敛，提高泛化性能。BN 通过在神经网络的每个层中插入归一化操作，使网络中的数据分布更加稳定，从而提高网络的学习效率。

BN 的核心思想是将每一层的输入进行归一化处理，使其满足一定的分布特性，从而减少层与层之间的协变量偏移，提高模型的训练速度和稳定性。具体来说，BN 可以采用以下方式对每一层的输入进行归一化。

第一，对每个 mini-batch 中的数据进行归一化，使其均值为 0，方差为 1。

第二，对归一化后的数据进行线性变换和平移，使其均值和方差可以根据需要进行调整。

第三，将归一化后的数据传递给下一层进行训练。

BN 的优点在于它可以使神经网络的参数更加稳定，从而减少模型过拟合的风险。此外，BN 还可以使模型更加鲁棒，对初始化和学习率等超参数的选择要求较低。

在 ChatGPT 生成式模型中，BN 可以应用在网络的各个层中，从而加快模型的收敛速度，提高模型的泛化性能。BN 可以在模型训练的过程中进行计算，也可以在模型推理时进行计算，使得模型的预测速度更快。

4.2.1.7　多任务学习

多任务学习（Multi-Task Learning，MTL）旨在同时训练多个相关任务的模型，从而提高模型的泛化性能和效率。在 ChatGPT 生成式模型中，多任务学习可以应用于多个自然语言处理任务，如文本分类、问答系统、情感分析等。

多任务学习的主要优势在于，它可以将多个相关任务的信息进行共享，从而降低模型的过拟合风险，提高模型的泛化性能。此外，多任务学习还可以通过共享低级特征来加速模型的训练速度，并且可以通过使用不同的损失函数来调整每个任务的权重，从而实现任务间的平衡。

多任务学习可以通过在模型的输出层添加多个任务头来实现。每个任务头可以对应一个任务，如生成文本、情感分析等，模型在训练过程中可以同时更新多个任务的参数，从而实现多任务学习的目的。同时，为了避免每个任务之间的竞争和干扰，可以通过使用注意力机制来控制每个任务的权重，使得每个任务的重要性可以根据其对应的数据动态调整。

4.2.2　多样性、一致性和可控性的调节

4.2.2.1　多样性

要增加模型的多样性，可以采用不同的采样策略，进行温度调节，增加模型的参数、深度和宽度，多模型集成等方法。下面进行详细介绍。

一是使用不同的采样策略。采样策略有很多种，本部分介绍常见的几种。

第一，贪心采样（Greedy Sampling）。在每个时间步选择概率最高

的词作为输出，这种采样策略速度快，但生成的文本可能缺乏多样性。

第二，随机采样（Random Sampling）。在每个时间步随机采样一个词作为输出，这种采样策略会增加生成文本的多样性，但也会带来不稳定的因素。

第三，抽样（Top-k Sampling）。在每个时间步从概率最高的 k 个词中进行随机采样，这种采样策略可以控制输出词的多样性和稳定性。

第四，束搜索（Beam Search）。在每个时间步选择概率最高的 k 个词作为候选输出，并在下一个时间步继续选择 k 个候选输出，直到生成文本的长度达到预设值。束搜索可以保证输出文本的一致性，但也可能导致生成文本过于死板。

二是进行温度调节。可以通过调整 softmax 函数的温度参数来控制输出的多样性。在使用 softmax 函数计算每个词的概率分布时，通常会使用指数函数将词的得分进行归一化，计算每个词的概率。softmax 函数的温度参数用于调整归一化的程度，即调整每个词的概率分布的多样性和稳定性。

当温度参数较高时，softmax 函数的输出分布会变得更加平坦，使得每个词的概率相对接近，从而增加输出的多样性。当温度参数较低时，softmax 函数的输出分布会变得更加集中，使得高概率词的概率更大，从而增加输出的稳定性。

三是增加模型的参数、深度和宽度。增加模型的参数可以提高模型的表达能力，从而使得模型能够学习到更加复杂的关系。例如，在 ChatGPT 生成式模型中，可以扩大词嵌入向量的维度、增加 Transformer 模块的数量和增加前馈神经网络的隐藏层节点数等，从而增加模型的参数。

增加模型的深度可以使模型能够学习到更加复杂的特征和关系，从而提高模型的多样性。在 ChatGPT 生成式模型中，可以增加 Transformer 模块的数量、增加注意力头的数量、增加多层前馈神经网络等，从而增加模型的深度。

增加模型的宽度可以提高模型的并行性和鲁棒性，从而使得模型能够更好地处理复杂的输入。在 ChatGPT 生成式模型中，可以增加注意力头的数量、增加前馈神经网络的隐藏层节点数等，从而增加模型的宽度。

四是多模型集成。在使用多个模型进行集成时，可以使用不同的模型架构、不同的超参数、不同的训练数据和不同的训练策略等。例如，可以使用不同的生成模型进行集成，如 GPT-2、GPT-3 和 BERT 等。同时，可以使用不同的训练数据和不同的训练策略，如在不同的语料库上训练模型、使用不同的训练方法和损失函数等。

另外，该方法需要将多个模型的输出进行整合，并使用一定的权重来平衡不同模型的输出。常用的模型集成方法包括投票法、加权平均法、Bagging 和 Boosting 等。这些方法可以根据不同的应用场景和任务需求进行选择和调整。

4.2.2.2　一致性

在生成式模型中调节一致性主要涉及以下方法。

一是调整温度参数。如前所述，温度参数是控制生成结果多样性和一致性的关键因素。降低温度值可以提高生成文本的一致性，但可能降低多样性。通过适当调整温度参数，可以找到多样性和一致性之间的平衡点。

　　二是生成器 – 判别器框架。使用生成器 – 判别器框架（如 GANs）可以提高生成文本的一致性。GANs 包括两个部分：一个生成器（Generator）和一个判别器（Discriminator）。生成器负责生成文本，判别器负责评估生成文本的质量。两者之间存在一个对抗过程，互相竞争以提高各自的性能。

　　在文本生成任务中，生成器尝试生成逼真且一致的文本，而判别器的目标是区分生成的文本与真实的文本。通过这种对抗过程，生成器逐渐学会产生更具一致性的文本，以便能够欺骗判别器。以下是使用生成器 – 判别器框架（如 GANs）提高生成文本一致性的一些关键要点。

　　第一，对抗训练。在训练过程中，生成器和判别器交替进行优化。生成器试图生成能够欺骗判别器的文本，而判别器则尝试提高鉴别真实文本和生成文本的能力。这种对抗训练过程有助于提高生成文本的一致性。

　　第二，判别器的指导。判别器为生成器提供反馈，指导生成器生成更一致的文本。生成器在判别器的指导下不断调整自己的参数，从而产生更具一致性的输出。

　　第三，损失函数设计。为了提高生成文本的一致性，损失函数的设计至关重要。在 GANs 中，损失函数通常包括生成器损失和判别器损失，这两部分共同激励生成器产生高质量的文本。

　　第四，结构化生成。在一些场景中，可以通过引入额外的结构信息来提高生成文本的一致性。例如，可以使用条件 GANs，将额外的条件信息（如类别标签或属性）融入生成过程中，从而更好地控制生成文本的一致性。

　　需要注意的是，在使用生成器 – 判别器框架（如 GANs）提高生成文本一致性时，可能会牺牲一定程度的多样性。因此，在实际应用中需要在一致性和多样性之间寻找合适的平衡。

三是采用束搜索（Beam Search）。束搜索是一种启发式搜索策略，可以在解码阶段寻找最有可能的输出序列。相较于贪婪搜索或随机采样，束搜索可以生成更一致的结果，但可能降低多样性。

束搜索的工作原理：在每个时间步上维护一个大小为 k 的候选序列集合，称为束（Beam）。在每个时间步，它会根据模型预测的概率分布，为每个候选序列选择 k 个最可能的扩展。然后从这些扩展中选择 k 个最有可能的序列，作为下一时间步的候选集合。如此迭代，直到达到预定的最大序列长度，或者所有候选序列都已生成结束标记。

与贪婪搜索相比，束搜索能够在一定程度上避免局部最优解，提高生成结果的质量。它在搜索空间中保留了一定数量的候选序列，增加了搜索的多样性。因此，束搜索生成的输出序列往往具有更好的一致性和正确性。

尽管束搜索可以提高生成结果的质量，但仍存在一定的局限性。首先，束搜索仍然无法保证找到全局最优解，特别是在大型搜索空间中。其次，在某些情况下，束搜索可能过度关注概率最高的序列，导致生成结果缺乏多样性。因此，在实际应用中需要根据任务需求和计算资源进行参数调整。

四是序列到序列模型的注意力机制。在序列到序列模型中，注意力机制可以帮助模型关注输入序列中与当前输出位置最相关的部分。这有助于生成更一致的文本，因为模型可以更好地捕捉输入中的依赖关系。

序列到序列模型的基本原理：在传统的 Seq2Seq 模型中，编码器将输入序列编码成一个固定长度的向量，然后解码器根据这个向量生成输出序列。这种固定长度的表示可能导致信息丢失,特别是在处理长序列时。注意力机制通过对输入序列的不同部分分配不同的权重,为解码器提供更丰富的上下文信息,从而解决这个问题。

在解码阶段的每个时间步,注意力机制会计算输入序列中每个位置与当前输出位置的相关性分数。然后,这些分数被用作权重,对输入序列的隐藏状态进行加权求和,得到一个上下文向量。解码器将这个上下文向量与其自身的隐藏状态结合,以生成当前输出位置的预测。

注意力机制通过关注输入序列中与当前输出位置最相关的部分,可以帮助模型更好地处理长序列中的依赖关系,同时,注意力机制为解码器提供了更丰富的上下文信息,从而有助于生成更准确、更一致的输出序列。

五是引入外部知识。通过将外部知识(如知识图谱或事实数据库)整合到生成式模型中,可以帮助模型生成更一致、准确的文本。外部知识来源可以提供结构化的信息,有助于模型捕捉输入和输出之间的关系。以下是将外部知识整合到生成式模型中的一些方法:

第一,知识图谱。知识图谱是一种表示实体及其之间关系的结构化数据。通过将知识图谱嵌入生成式模型中,可以为模型提供丰富的背景信息,有助于生成更准确、更一致的文本。

第二,事实数据库。事实数据库是一种存储结构化事实的数据源。这些事实可以在生成过程中作为额外的输入提供给模型,帮助模型在生成文本时考虑现实世界的约束。

第三,预训练与微调。预训练是训练生成式模型的一种方法,可以利用大量的无标签文本数据。通过对模型进行预训练,可以使其学习到大量的背景知识。然后,在微调阶段,可以将模型与特定的知识源(如知识图谱或事实数据库）结合，进一步优化模型以生成更一致、准确的文本。

第四，条件生成模型。在生成过程中，可以将外部知识作为条件信息提供给模型。例如，可以使用条件生成对抗网络（Conditional GANs）或其他条件生成模型，在生成文本时考虑外部知识的约束。这种方法可以使模型在生成时利用结构化知识源（如知识图谱或事实数据库），从而更好地捕捉输入与输出之间的关系。

第五，知识驱动的注意力机制。在生成式模型中引入知识驱动的注意力机制，可以帮助模型在生成过程中关注与输入序列中与当前输出位置最相关的外部知识。这种注意力机制可以为模型提供更丰富的上下文信息，从而生成更一致、准确的文本。

4.2.2.3　可控性

在生成式模型中，调节可控性意味着在保持生成文本的质量的同时，能够对生成过程进行更精细的控制。提高生成式模型可控性的方法主要有以下几种。

一是控制解码策略。通过调整解码策略（如贪婪解码、束搜索、拓扑采样等），可以在一定程度上控制生成文本的多样性和质量。例如，可以通过调节贪婪解码、拓扑采样策略来平衡生成结果的多样性和一致性。

首先来看贪婪解码策略。贪婪解码是一种简单且高效的解码策略，但可能导致生成的文本过于保守和重复。

在贪婪解码过程中，模型从开始标记（如 <BOS>）开始生成文本。然后，在每个时间步，模型预测下一个输出标记的概率分布，并选择具有最高概率的标记作为当前时间步的输出。这个过程会持续进行，直到模型生成结束标记（如 <EOS>）或达到预设的最大生成长度。

由于贪婪解码始终选择最高概率的输出标记，生成的文本可能过于保守，缺乏多样性。为了在生成过程中提高多样性和创造性，可以使用其他解码策略，如束搜索、拓扑采样或核采样。这些策略可以在一定程度上平衡生成文本的多样性和一致性，从而获得更好的生成效果。

再来看拓扑采样策略。拓扑采样（Top-k Sampling）是一种随机解码策略，在每个时间步骤中，模型从具有最高概率的前 k 个标记中随机选择一个。这种方法可以增加生成文本的多样性，但相较于贪婪解码，可能导致生成文本的一致性稍有降低。

拓扑采样的基本步骤如下。

第一，在每个时间步骤，模型计算所有可能输出标记的概率分布。

第二，选择概率最高的前 k 个标记作为候选集。

第三，根据这 k 个标记的概率分布从候选集中随机选择一个标记作为当前时间步的输出。

拓扑采样可以在生成过程中引入更多的多样性，因为它不仅是选择具有最高概率的标记，而且还是从概率较高的前 k 个标记中随机选取。这样可以使生成的文本更具创造性，同时在一定程度上保持一致性。

通过调整 k 值，可以在多样性和一致性之间找到平衡。较小的 k 值将导致生成的文本更接近贪婪解码的结果，较大的 k 值将导致更多样化的输出。需要注意的是，过大的 k 值可能导致生成文本的一致性降低，出现语法错误和不连贯的情况。

二是条件生成。将外部条件信息（如话题、情感、风格等）引入生成过程，可以使生成文本满足特定的约束。这可以通过条件变分自编码器（CVAEs）或在输入中加入控制标记等方法实现。

条件变分自编码器（Conditional Variational Autoencoders，CVAEs）是一种生成模型，它结合了变分自编码器（Variational Autoencoders，VAEs）的基本结构和条件生成的概念。在 CVAEs 中，外部条件信息被提供给编码器和解码器，使模型能够生成满足特定约束的文本。

CVAEs 的基本结构如下。

编码器（Encoder）：编码器将输入文本 x 和条件信息 c 映射到潜在变量 z 的分布参数（如均值和方差）。这个过程可以通过神经网络实现，如循环神经网络（RNN）或 Transformer。

潜在变量（Latent Variable）：潜在变量 z 是一个随机向量，用于捕捉输入文本和条件信息之间的隐含关系。在训练过程中，z 的分布被约束为接近一个先验分布，通常是标准正态分布。

解码器（Decoder）：解码器接收潜在变量 z 和条件信息 c 作为输入，生成条件文本。这个过程也可以通过神经网络实现，如 RNN 或 Transformer。

在训练过程中，CVAEs 的目标是最大化输入文本 X 在给定条件信息 c 下的边缘对数似然，同时最小化 KL 散度，使潜在变量 z 的分布接近先验分布。这种优化过程可以通过随机梯度下降（Stochastic Gradient Descent，SGD）或其他优化算法实现。

在生成过程中，给定条件信息 c，可以从先验分布中采样潜在变量 z，然后将 z 和 c 一起提供给解码器，生成满足特定约束的文本。

CVAEs 可以广泛应用于各种自然语言处理任务，通过将外部条件信息引入生成过程，CVAEs 能够生成更符合特定约束的文本，提高生成质量和可控性。

三是使用控制码。为模型引入额外的控制码（如向量或标记），可以对生成过程进行更精细的控制。这些控制码可以表示生成文本的各种属性（如长度、复杂性等），并在训练和生成阶段用于控制模型的行为。

常用的引入控制码的方法如下。

第一，控制标记。可以将条件信息（如话题、情感、风格等）编码为特定的控制标记，并将这些标记与输入序列一起提供给模型。在生成过程中，模型会根据控制标记生成具有特定属性的文本。例如，在对话生成任务中，可以为不同角色引入特定的控制标记，使模型能够生成符合角色特征的回应。

第二，控制向量。将条件信息编码为连续的控制向量，这些向量可以与模型的输入、隐藏状态或输出结合起来。例如，在情感生成任务中，可以将情感信息编码为向量，并将其与模型的输入或隐藏状态结合，从而生成具有特定情感属性的文本。

第三，元学习和神经网络架构搜索。通过引入控制码，可以在元学习和神经网络架构搜索中实现更精细的控制。例如，在神经网络架构搜索任务中，可以为不同层类型或连接方式引入控制码，使模型能够根据这些控制码生成不同的网络架构。

四是可编辑的生成式模型。设计一种可编辑的生成式模型，允许在生成过程中对模型的行为进行实时干预。例如，可以使用中止和重启策略、交互式生成等操作，根据需要对生成的文本进行调整。

第一，中止和重启策略。止和重启策略是一种对生成式模型输出进行实时干预和修正的方法。在生成过程中，通过设定规则来监控模型的输出，当输出不符合预期时，可以中止生成过程，进行修改或回退，然后重启生成过程。

要保证中止和重启的效果，可以从以下几点入手。

设置阈值：为每个时间步骤设置概率阈值。如果生成的单词的概率低于阈值，中止生成过程，尝试选择其他单词或回退到之前的状态。

设定禁用词表：在生成过程中，提供一个禁用词表，禁止模型生成这些词。当模型试图生成禁用词时，中止生成过程，尝试其他单词或回退到之前的状态。

监控输出长度：为生成文本设置最小和最大长度限制。当生成文本过长或过短时，中止生成过程，并尝试回退或修改输出。

输出一致性检查：为生成过程设置一致性检查规则，例如，检查语法错误、重复短语或逻辑不一致。如果检测到问题，中止生成过程，修正问题或回退到之前的状态。

语义相关性检查：检查生成文本与输入文本或特定条件（如话题、情感等）的相关性。如果生成文本偏离输入文本或条件，中止生成过程，尝试回退或修改输出。

实施这些策略的关键在于设计合适的规则和监控机制，以便在不影响生成质量的同时实现实时干预和修正。这可能需要对模型、生成策略以及特定任务或应用场景的深入理解和调整。通过结合中止和重启策略，可以获取更可控、高质量的生成结果，满足不同任务和应用场景的需求。

第二，交互式生成。允许用户在生成过程中与模型进行交互，提供实时反馈和指导，可以使生成式模型更具有实用性和灵活性。以下是实现交互式生成的一些建议。

增量生成：将生成过程分解为多个步骤，让用户在每个步骤中查看模型的输出，提供反馈和指导。例如，可以首先生成一个概要或大纲，然后在用户的指导下逐步完成具体内容。

可视化界面：为用户提供一个可视化界面，展示生成过程中的中间状态，如注意力矩阵、概率分布等。用户可以通过界面实时调整这些参数，以影响生成过程。

用户指令：允许用户在生成过程中提供实时指令或建议，引导模型生成特定方向的文本。这可以通过将用户指令编码成特定的控制标记或向量，并将其与模型输入结合来实现。

输出修改：允许用户在生成过程中对模型的输出进行修改或回退。当用户对生成的文本不满意时，可以修改模型的输出，并重新启动生成过程。

交互式解码策略：设计一种交互式解码策略，允许用户在生成过程中控制模型的解码参数，例如探索和利用的平衡、生成多样性等。这可以通过实时调整解码策略的参数来实现。

第 5 章

ChatGPT 聊天机器人设计与实现

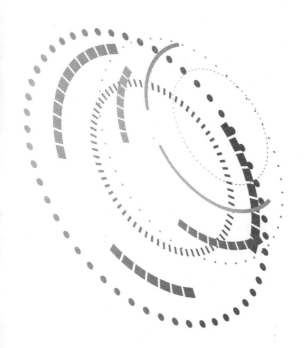

5.1　聊天机器人设计原则

聊天机器人的设计应遵循以下八大原则。

5.1.1　用户中心

用户中心是聊天机器人设计的核心原则，它要求聊天机器人始终关注用户的需求和体验，为用户提供便捷、高效、满意的服务。下面是关于用户中心设计的一些建议：

5.1.1.1　易用性

易用性是用户中心设计原则中的关键组成部分。一个易用的聊天机器人应让用户无须花费过多时间和精力就能理解如何与之进行交互。要提高易用性，就需要为用户提供一个简洁、直观的界面，避免过多的视觉干扰和复杂的菜单，让用户可以轻松找到与聊天机器人的交互入口。同时，要有适当的错误提示与容错。当用户输入不清楚或不符合预期时，聊天机器人应提供友好的错误提示，引导用户进行正确的操作。同时，聊天机器人应具备一定的容错能力，能够在用户输入有误的情况下尽量提供有用的回复。要确保聊天机器人对有特殊需求的用户友好，提供无障碍访问。例如，支持屏幕阅读器、语音输入等辅助技术。要根据目标用户群体，为聊天机器人提供多语言支持。这有助于覆盖更广泛的用户群体，满足不同语言环境下的用户需求。

通过关注易用性，聊天机器人可以为用户提供更顺畅、高效的交互体验，从而提高用户满意度和忠诚度。

5.1.1.2 倾听用户需求

聊天机器人应能准确理解用户的意图，为用户提供相关且有价值的回应。

首先，聊天机器人应具备强大的自然语言理解能力，能够识别用户的表达方式和口语化输入内容，提取关键信息，以便准确回应用户需求；具备上下文理解能力，处理并记住对话的上下文信息，以便在回答用户问题时提供相关且一致的回应。

其次，聊天机器人应尽可能了解用户的兴趣、偏好、需求和历史交互，以便为用户提供个性化的回复和服务。

再次，聊天机器人应能处理复杂的多轮对话，逐步获取用户需求的详细信息，并针对这些信息提供有针对性的回答；应能根据用户的反馈和行为进行实时调整，优化回复内容和方式。例如，当用户对某个回答不满意时，聊天机器人应能提供其他相关信息或者重新询问用户的需求。

最后，聊天机器人应能提供有价值的回答，帮助用户解决问题或满足需求。避免提供重复、过于简单或无关的回答。

5.1.1.3 敏捷响应

敏捷响应意味着聊天机器人必须能够迅速地回应用户的需求和问题。这就要求聊天机器人的自动化流程应该被设计成高效、可靠、尽可能无需人工干预。这样能够确保用户得到快速的响应，而不必等待人工客服。聊天机器人必须随时保持最新状态，以便能够立即响应用户的问题和需求。例如，如果公司推出了新的产品或服务，聊天机器人应该及时更新，以便用户能够得到相关的信息。

除此之外，聊天机器人应该针对常见问题设置快捷回复，这样能够帮助用户快速得到答案。例如，如果一个用户询问公司的工作时间，聊天机器人应该立即提供答案，而不必等待人工客服。聊天机器人还应该能够通过机器学习技术不断地学习用户的行为和需求，从而不断地提高自己的响应能力。例如，如果一个用户经常询问某个问题，聊天机器人应该能够识别这种行为，并自动提供相关信息；能够提供多种交互方式，如语音、文字、图像等，以便用户能够根据自己的喜好和需求选择最方便的交互方式。这样能够提高用户的满意度和响应速度。

5.1.1.4　数据保护与隐私

要遵循相关法规和标准，如欧盟的 GDPR、美国的 CCPA、HIPAA 等，确保聊天机器人收集、存储和处理个人信息的合法性、透明性和安全性。将所有用户数据进行加密，包括在传输和存储过程中，确保敏感数据和个人信息不会被未经授权的人获取。确保只有授权的人员可以访问和处理用户数据，如通过使用双因素认证和访问控制机制等。同时，要向用户提供透明的隐私政策和数据使用声明，并且让用户有权控制他们的个人数据。例如，让用户可以查看、编辑或删除他们的个人数据。要能够持续监测聊天机器人系统的安全性，并及时修复可能存在的漏洞和安全问题。

总之，保护用户的数据和隐私是设计聊天机器人用户中心的重要原则之一，它能够保证用户信息的安全性和机密性，提高用户的信任度和忠诚度。

5.1.2　自然交流

聊天机器人应能理解各种表达方式和口语化的输入，生成自然、连贯的回复，以实现流畅且人性化的对话。

5.1.2.1　设计人性化的交互方式

聊天机器人的交互方式应该简单、直观、易于理解，符合人的思维方式和习惯。聊天机器人可以提供图形化界面，如按钮、滑动条、选择框等，以便用户能够直观、轻松地进行交互。聊天机器人应该支持语音识别和合成技术，以便用户能够通过语音与聊天机器人进行交互。

5.1.2.2　理解上下文和语境

应该能够理解用户的上下文和语境，根据当前的话题和用户的意图提供相关的回复和建议。聊天机器人应该能够理解对话的历史和上下文，以便提供更连贯、自然的回复。例如，聊天机器人应该能够记住之前的问题和回答，以便能够更好地回应后续的问题。举例如图 5-1 所示。

除理解历史对话外，聊天机器人还需要具备跨领域对话能力，能够处理多个话题和领域的问题，以便能够提供更全面、准确的回复。例如，聊天机器人应该能够回答关于产品、服务、价格等多个领域的问题。

总之，园林植物的分类方法有很多，每种分类方法都有其适用的场景和特点。园林设计师可以根据自己的需要和目的，选择最适合的分类方法，以便在设计过程中更好地选择和运用植物。

园林设计时结合园林植物分类怎么进行科学设计

在园林设计时，结合园林植物分类进行科学设计可以提高设计的科学性和艺术性。以下是一些关于如何进行科学设计的建议：

1. 根据设计需求和植物分类进行选择：根据园林设计的需求和植物分类的特点，选择最适合的植物。例如，在景观设计中，选择观赏效果好的花卉和灌木；在草坪设计中，选择适合生长在该地区的草种。
2. 保证植物的适应性和可持续性：选择适应该地区气候、土壤和水分条件的植物，以确保植物能够生长良好并具有较高的生存能力。同时，根据植物的生长速度和生命力等特点，进行科学的植栽规划和管理。

图 5-1　机器人理解上下文和语境示例

5.1.2.3　提供多样性和趣味性回复

聊天机器人应该提供多样性和趣味性的回复和内容，以吸引用户的注意力和兴趣，增加用户的互动和参与度；可以增加笑话、谜语、诗歌等趣味性内容；可以提供一些简单的游戏和问答环节，如猜谜语、填空、问答等；可以提供一些热门话题和时事新闻，以便用户能够及时了解社会动态和热点事件。

5.1.2.4 能够处理异常和误解

聊天机器人应该能够识别和处理异常和误解的情况，例如，聊天机器人可以使用机器学习技术来识别异常情况，并提供相应的反馈和解决方案。能够理解用户的意图和语言表达，并能够纠正错误的表达和解决误解。例如，当用户提出含糊不清的问题时，聊天机器人可以通过询问、提示等方式，帮助用户更清晰地表达问题，并给出准确的回答。聊天机器人能够处理意外情况，如系统故障、网络中断等，以便保证用户的交互体验和服务质量。

总之，为了实现自然交流，聊天机器人需要使用多种技术和方法，包括自然语言处理、机器学习、语音识别、智能推荐等。

5.1.3 实时反馈

聊天机器人设计原则之实时反馈，是指聊天机器人应该能够及时、准确地反馈用户的请求和行为，并给出相应的解决方案和建议。以下是一些关于如何实现实时反馈的建议：

5.1.3.1 快速响应用户请求

聊天机器人应该能够在用户提出请求后，快速响应并给出相应的回答和建议。聊天机器人应该使用缓存和预加载技术，以便能够在用户提出请求之前，预加载相关数据和信息，并缓存相关结果，从而提高响应速度和效率。能够提供自助式的解决方案，如 FAQ、知识库等，以便用户能够快速得到答案和解决方案，从而减少等待时间和用户不满意度。

5.1.3.2　实时更新数据和信息

聊天机器人应该能够及时更新数据和信息，以便能够提供最新的数据和信息。聊天机器人可以从数据库、API 或其他数据源中获取数据，并定期同步和更新数据。可以使用机器学习和人工智能技术，能够从用户的行为和历史数据中学习和预测用户的需求和偏好，并及时更新数据和信息。可以提供自动化的更新服务，如定时任务、批量处理等，减少人工干预的成本和时间。另外，聊天机器人应该合理规划数据和信息的存储和管理，可以使用云存储、缓存等技术，以提高数据访问和更新的效率。

5.1.3.3　及时反馈用户行为

聊天机器人应该能够及时反馈用户的行为和偏好，以便能够提供更准确、个性化的服务。聊天机器人可以使用机器学习技术，能够从用户的历史行为和偏好中学习和预测用户的需求和兴趣。能够实时更新用户画像，及时反馈用户的行为和偏好，并根据用户画像提供相应的服务和建议。能够提供反馈和建议，例如，聊天机器人可以提供相关的产品推荐、购买建议、活动推送等。

5.1.3.4　提供即时通知和提醒

聊天机器人应该能够提供即时通知和提醒，以便用户能够及时收到重要信息和提醒。以下是一些关于如何实现即时通知和提醒的建议：

一是使用推送通知。聊天机器人可以使用推送通知技术，以便能够及时通知用户有关的重要信息和提醒。例如，聊天机器人可以向用户发送重要的活动信息、账单提醒、订单状态更新等通知。

二是提供定时提醒。聊天机器人应该能够提供定时提醒，以便用户能够按时完成重要的任务和工作。例如，聊天机器人可以提醒用户缴费、上班打卡、用药等。

三是支持多种提醒方式。聊天机器人应该支持多种提醒方式，以便用户能够选择最适合自己的提醒方式。例如，聊天机器人可以通过语音提醒、短信提醒、消息推送等方式提醒用户。

5.1.4 可控性与安全性

在设计聊天机器人时，可控性与安全性是两个非常重要的原则。它们有助于确保机器人能够在一个安全、有效且用户友好的环境中运行。以下是可控性与安全性方面的一些建议：

5.1.4.1 设定明确的使用边界

设计一个具有清晰使用边界的聊天机器人，确保其不会触犯法律法规、道德规范和社会伦理。这就要求设计机器人时要遵循法律法规，确保聊天机器人在所有涉及的国家和地区遵守当地的法律法规，避免触碰法律红线。研究相关政策和规定，确保机器人在法律允许的范围内运行。实施内容过滤和审查机制，防止机器人产生不当、敏感或具有争议性的言论。设定关键词黑名单，对涉及的话题进行限制，确保输出内容符合规定。制定用户行为规范，明确用户在与聊天机器人互动时应遵循的行为准则。通过用户协议、提示等方式告知用户使用边界，鼓励合规使用。还要提高聊天机器人的透明度，让用户了解其功能、使用边界和数据处理方式。同时，明确相关责任，包括开发者、运营者和用户之间的责任划分。

　　另外，设计具有灵活性的聊天机器人，使其能够根据不同的场景和需求进行调整。当发现边界设置不当或需要优化时，能够快速进行调整。

5.1.4.2　人工智能伦理

　　设计聊天机器人时，要确保遵循人工智能伦理原则，如公平、透明、隐私保护、安全等。这有助于建立用户对聊天机器人的信任。聊天机器人应对所有用户进行公平对待，避免歧视、偏见和不公平现象。在设计和训练过程中，确保数据集具有多样性，以减少潜在的偏见。确保聊天机器人的运行安全可靠，预防网络攻击、恶意行为和系统故障。在设计聊天机器人时，明确开发者、运营者和用户之间的责任划分。确保各方都了解自己在确保聊天机器人遵循伦理原则中的角色和责任。

5.1.4.3　可控性输出

　　通过设置过滤器和屏蔽关键词，限制机器人输出不当言论。在聊天机器人的输出模块中，开发并使用内容过滤器。过滤器的作用是在机器人生成回复之前，检查输出内容是否包含黑名单中的关键词。如果存在这些词汇，过滤器应阻止该回复发送给用户。在设计过滤器时，考虑到上下文的重要性。有时，关键词本身可能并无不当之处，但在特定上下文中可能具有负面含义。因此，确保过滤器能够理解上下文并作出适当的判断。定期更新关键词黑名单，以适应社会变化和学习新出现的敏感词汇。可以根据用户反馈、新闻事件或其他渠道收集信息，对黑名单进行调整。

　　另外，实现机器人输出内容的实时监控与调整，以便在出现问题时及时进行干预。开发实时分析与监控系统，在聊天机器人与用户进行交互时跟踪并评估输出内容。通过分析机器人的回复，确保输出内容符合设定的安全和道德标准。当监控系统检测到不当或敏感内容时，实现自动干预和调整。例如，可以采用预先设定的回复模板或重新生成回复，以替换不当内容。在一些复杂或无法自动处理的情况下，使用人工干预机制。当机器人输出异常或不当内容时，相关团队成员应能够实时介入，对机器人的回复进行评估和调整。通过模拟测试、用户调查等方式，确保系统能够满足预期目标，及时发现并解决潜在问题。

5.1.4.4　可审核性

确保聊天机器人的决策过程和操作具有可审核性，以便在出现问题时能够追踪分析原因，并采取相应的纠正措施，录入聊天机器人的所有操作和决策过程的详细日志。这些日志应包括输入、输出、时间戳、用户ID 等信息，以便在需要时进行审查和分析。设计一套系统，使得在发现问题时能够追溯聊天机器人的决策过程。以便了解问题产生的原因，并找到相应的解决方案。采用清晰的决策模型和算法，使得聊天机器人的决策过程更容易理解和审查。尽可能减少暗箱操作，提高系统的可解释性。

5.1.5　鲁棒性

鲁棒性是指聊天机器人在面对各种不确定因素和异常情况时仍能保持稳定运行和良好性能的能力。在设计聊天机器人时，鲁棒性是一个重要原则，它有助于提高系统的可靠性、安全性和用户满意度。以下是提高聊天机器人鲁棒性的一些建议：

5.1.5.1 处理异常输入

聊天机器人应能够处理各种异常输入，如拼写错误、语法错误、词义消歧、非自然语言符号等。

对于拼写错误的输入，聊天机器人可以使用拼写纠错算法（如基于编辑距离的方法）来纠正错误，然后处理校正后的输入内容。

当用户输入包含语法错误时，聊天机器人应尝试解析并修复错误。可以使用自然语言处理（NLP）技术，如依存句法分析和实体识别，来理解输入并尝试纠正错误。

当输入中的词汇具有多重含义时，聊天机器人需要进行词义消歧。通过上下文分析和语义相似度计算，确定最可能的词义以生成合适的回复。

另外，聊天机器人应能识别并处理包含表情符号、特殊字符和俚语等非自然语言符号的输入。可以创建特定的词典或使用预训练的模型来解析这些符号。

5.1.5.2 宽容模糊查询

聊天机器人具有一定程度的宽容度意味着它能够处理模糊、不完整或不清晰的用户输入，从而提高用户体验。

可以使用模糊匹配技术（如相似度计算或模糊逻辑）处理用户输入，以便在用户输入不太准确的情况下，仍能找到与之相关的回答或建议。

当面对模糊或不清晰的输入时，聊天机器人可以主动请求澄清，提出问题、给出选项或引导用户提供更多信息，从而更好地满足用户需求。如果机器人无法确定一个准确的答案，可以向用户提供多个可能的回答或建议。这有助于在面对模糊输入时，让用户自行选择最合适的选项。

5.1.5.3　容错与恢复

在设计聊天机器人时，考虑到可能出现的错误和失败，并提供相应的容错和恢复机制，可以采取下列措施。

第一，输入验证和过滤：对用户输入进行验证和过滤，以防止非法或恶意输入导致的错误。使用正则表达式、白名单和黑名单等技术对输入进行检查和处理。

第二，异常处理：在聊天机器人的代码中添加异常处理逻辑，确保在遇到意外错误时，程序不会崩溃或产生不良影响。对于可能抛出异常的操作，使用 try-catch 语句进行捕获并处理。

第三，重试机制：当聊天机器人遇到网络故障、API 调用失败等问题时，开启自动重试机制。设置合适的重试次数和间隔，以在不影响用户体验的前提下，最大限度地提高成功率。

第四，容错回复：当聊天机器人无法理解用户输入或处理请求时，提供友好的容错回复。这些回复可以包括澄清问题、提供帮助信息、引导用户至其他资源等。

第五，备份与恢复：对聊天机器人的关键数据和配置进行定期备份，以防止数据丢失或损坏。在出现问题时，可以使用备份数据进行恢复，最小化对用户的影响。

第六，容灾策略：设计容灾策略，确保在聊天机器人的主要组件或服务出现故障时，仍能维持基本功能。例如，使用负载均衡和冗余部署来提高系统的可用性。

5.1.5.4　跨平台兼容性

确保聊天机器人能够在不同的设备、操作系统和浏览器上正常运行。进行充分的兼容性测试，以提高聊天机器人的可访问性，优化用户体验。

可以跨平台设计，考虑到不同的设备类型和操作系统。采用跨平台框架和技术，如 HTML5、CSS3 和 JavaScript，以便在各种环境下保持一致的表现和功能。

使用响应式布局设计聊天机器人的用户界面，使其能够根据设备屏幕尺寸和分辨率自动调整。这有助于确保聊天机器人在不同设备上都能提供良好的视觉效果和交互体验。

优化聊天机器人的代码和资源，确保在主流浏览器（如 Chrome、Firefox、Safari 和 Edge）上的兼容性和性能。使用浏览器特性检测、polyfills 和 CSS 浏览器前缀等技术来解决兼容性问题。

对聊天机器人进行充分的跨设备、跨操作系统和跨浏览器测试。使用模拟器、真实设备和自动化测试工具来确保聊天机器人在各种环境下的稳定性和性能。

针对不同设备和网络条件优化聊天机器人的性能。使用代码压缩、资源合并、图片优化、懒加载等技术来减小资源体积，提高加载速度。

考虑到残障用户的需求，设计无障碍功能。使用适当的颜色对比度、文本大小、标签和 ARIA 属性等，确保聊天机器人可以通过屏幕阅读器等辅助技术访问。

随着设备、操作系统和浏览器的更新，要持续关注聊天机器人的兼容性和性能，及时修复问题，优化功能，以满足用户的期望和需求。

5.1.5.5　性能优化

对聊天机器人的性能进行持续优化，以便在各种运行环境和网络条件下保持良好的响应速度和稳定性。通过对代码和资源进行优化，并采用缓存策略、延迟加载和异步请求、负载均衡和自动扩展技术、分布式架构和微服务来提高聊天机器人的性能。

第一，代码优化：对聊天机器人的代码进行优化，减少冗余代码，提高执行效率。使用代码压缩和混淆工具来减小文件体积，提高加载速度。

第二，资源优化：对图片、音频、视频等资源进行压缩和优化，以缩小文件，加快加载速度。使用适当的格式和压缩级别，保证在不损失质量的前提下优化资源。

第三，缓存策略：使用合适的缓存策略，加快页面加载速度，增强用户体验。利用浏览器缓存、CDN 缓存以及服务器端缓存等技术，加速静态资源和动态内容的加载。

第四，延迟加载和异步请求：使用延迟加载和异步请求技术，确保聊天机器人在网络连接较慢时，仍能快速响应用户请求。对于非关键资源，可以使用懒加载或按需加载策略。

第五，负载均衡和自动扩展：使用负载均衡和自动扩展技术，确保聊天机器人在高并发访问时能够保持稳定性。根据实际负载情况，自动调整服务器和资源的分配。

第六，分布式架构：使用分布式架构设计聊天机器人，提高系统的可扩展性和容错能力。将复杂任务分解为小型、独立的服务，提高系统的响应速度和稳定性。

5.1.6　适应性与扩展性

聊天机器人应具备较高的适应性和扩展性，能够容易地适应不同领域和场景，支持功能的增加和扩展。要确保聊天机器人具备较高的适应性和扩展性，可以采取以下几点建议。

5.1.6.1　模块化设计

使用模块化设计方法构建聊天机器人，将功能划分为独立的组件，以便于维护、升级和替换。

首先确定聊天机器人的主要功能模块，如自然语言处理、对话管理、知识库查询、用户管理等。将这些功能抽象为独立的组件，以便于管理和扩展。为每个组件定义清晰的接口，规定输入、输出和功能描述。这有助于实现组件之间的松耦合，降低维护成本。确保每个组件只负责一个特定的功能。这样可以减少组件之间的依赖，提高代码的可读性和可维护性。通过创建通用的组件库和工具集，实现代码复用，以减少重复劳动。尽可能地将组件之间的交互降至最低，避免不必要的依赖。为每个组件编写单元测试，确保其功能正确。这将有助于提高代码质量，减少漏洞和故障。为每个组件编写详细的文档和注释，描述其功能、接口和实现细节，从而提高代码的可读性，方便其他开发者进行维护和扩展。使用持续集成和部署工具，自动化组件的构建、测试和部署过程，降低出错率。

5.1.6.2　微服务架构

采用微服务架构，将聊天机器人的功能拆分为一系列独立、可互相通信的服务。这将有助于提高系统的可扩展性、容错能力和易维护性。

识别聊天机器人的关键功能模块，如自然语言处理、对话管理、知识库查询、用户管理等。将这些功能抽象为独立的微服务，以便于管理和扩展。

为每个微服务定义清晰的接口，包括输入、输出和功能描述。使用RESTful API、gRPC 等通信协议，实现微服务之间的通信。

尽量使每个微服务拥有独立的数据存储，避免数据耦合。使用负载均衡与自动扩展技术，确保微服务在高并发访问时能够保持稳定性。

使用持续集成与部署工具，自动化微服务的构建、测试和部署过程。采用服务网格、API 网关等技术，实现微服务的治理。通过统一的入口和策略，管理微服务的访问、认证、限流等功能。

5.1.6.3　API 集成

利用 API 进行第三方服务和平台的集成，增加聊天机器人的功能和提高适应性。针对所需的功能，选择合适的第三方 API。评估 API 的性能、可靠性、价格和技术支持，以确保选择的 API 能满足需求。为聊天机器人实现与第三方 API 的集成，包括请求处理、响应解析和异常处理，确保聊天机器人能够正常与这些 API 进行交互。

针对可能频繁调用的 API，实施缓存策略，以减少 API 调用次数和延迟。

5.1.6.4　灵活的配置选项

提供灵活的配置选项，允许用户根据自己的需求和场景定制聊天机器人，包括语言设置、回答风格、功能模块等方面的个性化配置。

首先是语言设置。针对每种支持的语言，选择或训练相应的自然语言处理模型，如 GPT-4、BERT 等。当用户选择特定语言时，加载相应的模型进行对话处理。在用户输入时，自动检测输入文本的语言，以便在后端使用正确的处理模型。集成第三方翻译服务，如谷歌翻译、百度翻译等。当用户需要在不同语言之间进行互译时，利用翻译服务将输入文本转换为目标语言。同时允许用户在设置中选择首选语言，将其存储在用户配置文件中。当用户使用聊天机器人时，根据其首选语言自动调整对话处理策略。

其次是回答风格，可以为不同的回答风格创建风格标签，如正式、幽默、简洁等。这些标签将在后续步骤中用于生成特定风格的回答。可以收集或生成包含不同风格回答的数据集。这些数据集将用于训练聊天机器人模型，使其能够生成特定风格的回答。使用风格数据集训练聊天机器人模型。可以采用迁移学习和微调方法，在预训练的自然语言处理模型（如 GPT-4）的基础上进行风格训练。另外，在聊天机器人的设置中，允许用户选择首选回答风格。将用户的选择存储在用户配置文件中，以便在后续会话中使用。根据用户选择的回答风格，调整聊天机器人模型的参数。例如，可以通过调整模型的温度（temperature）参数来影响输出的多样性和创造性。下面举一个聊天机器人幽默的回答风格的例子。

用户：今天的天气如何？

聊天机器人（幽默风格）：今天天气很棒，阳光明媚，就像我为您提供服务的热情一样。请不要忘记带上您最酷的墨镜，享受这美好的一天！

最后是功能模块。在聊天机器人的用户设置界面中，提供一个功能模块列表，允许用户启用或禁用特定功能。在聊天机器人的请求处理过程中，根据用户启用的功能模块对输入进行路由。如果某个功能模块被禁用，相应的请求将被忽略或返回默认回复。在聊天机器人的引导和帮助信息中，根据用户启用的功能模块提供相应的指引。当用户尝试使用一个被禁用的功能模块时，可以向用户发送通知，提醒他们需要在设置中启用该功能才能使用。

5.1.6.5 可扩展的插件体系

设计一个可扩展的插件体系，允许开发者和用户为聊天机器人添加新功能和扩展。定义一个统一的插件接口，使得开发者可以遵循一致的规范来编写插件。插件接口应包括事件处理、数据存储、权限管理等方面的规范。实现插件的加载、卸载、更新等生命周期管理功能。

为了确保插件的安全性，为每个插件提供一个独立的沙箱运行环境。这样可以防止插件相互干扰，同时确保聊天机器人的主体安全。

创建一个插件市场，允许开发者和用户分享、发现和安装插件。插件市场应提供详细的插件信息、评分和评论功能，以帮助用户找到合适的插件。

5.1.7 个性化与定制化

聊天机器人应提供个性化和定制化选项，允许用户根据自己的需求

和偏好调整聊天机器人的行为和风格。

5.1.7.1　个性化

随着聊天机器人技术的不断发展，人们对聊天机器人的期望也越来越高。一个好的聊天机器人应该具有人性化特征、交互性和实用性。其中，个性化是设计聊天机器人的重要原则之一，它可以提高用户的满意度和使用体验。

个性化是指根据用户的兴趣、喜好、行为等特征来定制聊天机器人的回答和建议。通过了解用户的个性化需求，聊天机器人可以更好地满足他们的需求并提供更准确、有用的信息。在实际应用中，聊天机器人可以通过以下几种方式实现个性化。

一是用户画像。通过收集用户的个人信息、历史行为、兴趣爱好等数据，建立用户画像，以此为基础来对用户进行个性化的回答和建议。建立用户画像需要收集一些数据。

第一，个人信息：包括用户的性别、年龄、地区、职业等基本信息。

第二，历史行为：包括用户的搜索记录、点击记录、浏览记录等，可以帮助聊天机器人了解用户的兴趣和需求。

第三，兴趣爱好：包括用户的爱好、喜好、偏好等，可以帮助聊天机器人了解用户的兴趣和需求。

第四，购买行为：包括用户的购买记录、购物车记录等，可以帮助聊天机器人了解用户的消费习惯和需求。

建立用户画像的过程需要用到数据分析和挖掘技术。通过对收集到的数据进行分析和处理，可以得到用户的特征和行为模式，以此来建立用户画像。聊天机器人可以根据用户的个人信息和历史行为，提供更准确、个性化的回答和建议。例如，当用户询问健康问题时，聊天机器人可以根据用户的年龄、性别、身体状况等特征，提供个性化的健康建议。也可以向用户推荐符合他们需求的产品和服务。例如，当用户咨询购买某个产品时，聊天机器人可以通过分析用户的购买记录和偏好，向他们推荐最适合的产品和优惠活动。

二是自然语言处理。聊天机器人可以通过自然语言处理技术来分析用户的语言、情感和语境等信息，从而更好地理解用户的需求和意图，提供更准确的回答和建议。例如，当用户在咨询旅游景点时，聊天机器人可以通过分析用户的语境和情感来推荐最适合的景点和旅游路线。通过这些自然语言处理技术，聊天机器人可以更好地理解用户的需求和意图，从而更准确、个性化地回答用户的问题，提供更贴心的服务。同时，自然语言处理技术也可以提高聊天机器人的交互性和实用性，使其更接近于人类的交互方式，从而提升用户的满意度和忠诚度。

三是机器学习。机器学习技术是聊天机器人设计中的重要技术之一，它可以帮助聊天机器人分析用户的历史行为和反馈，不断优化个性化服务。通过机器学习技术，聊天机器人可以根据用户的行为和反馈数据，自动地优化回答和建议的准确性和个性化程度。

机器学习技术的应用包括以下几个方面。

第一，基于分类的机器学习：通过对用户历史数据的分类，聊天机器人可以自动地了解用户的行为模式和兴趣爱好，从而为用户提供更准确、个性化的回答和建议。

第二，基于聚类的机器学习：聊天机器人可以通过聚类算法将相似的用户数据分组，然后对不同的用户群体提供不同的个性化服务，从而更好地满足用户的需求。

第三，基于推荐的机器学习：聊天机器人可以通过推荐算法根据用户的历史行为和反馈，向用户推荐符合他们兴趣和需求的产品、服务或内容，从而提高用户的满意度和忠诚度。

通过机器学习技术，聊天机器人可以自动地提高回答和建议的准确性和个性化程度，从而提高用户的满意度和使用体验。机器学习技术还可以帮助聊天机器人更好地了解用户需求和市场趋势，从而更好地服务于用户和企业。

四是智能推荐。聊天机器人可以通过智能推荐技术来向用户推荐符合他们兴趣和喜好的产品、服务或内容。例如，当用户在咨询购买某个产品时，聊天机器人可以通过分析用户的历史行为和兴趣爱好，向他们推荐最适合的产品和优惠活动。

在应用智能推荐技术时，主要从三个方面进行推荐。

第一，基于协同过滤的推荐：通过分析用户历史行为和兴趣爱好等数据，聊天机器人可以将用户分组，并向不同的用户群体推荐不同的产品、服务或内容。该算法的缺点是对于新用户或者没有足够行为数据的用户推荐效果较差。还有一种是基于物品的协同过滤，通过分析不同物品之间的相似性，将相似的物品分组，并向不同的用户推荐相似的物品。该算法的优点是对于新用户或者没有足够行为数据的用户推荐效果较好。需要注意的是，基于协同过滤的推荐算法虽然可以提高推荐的准确性和个性化程度，但也存在一些问题，如数据稀疏性和冷启动问题等。因此，在实际应用中，聊天机器人需要结合其他推荐算法和数据挖掘技术，以提高推荐的效果和用户体验。

第二，基于内容的推荐：聊天机器人可以根据用户的历史行为和兴趣爱好等数据，向用户推荐与他们喜好相关的内容，如新闻、文章、视频等。另外，聊天机器人还可以通过实时监测用户的语言和情感等数据，提供更加精准的服务。例如，聊天机器人可以分析用户的聊天内容，了解用户的情感和态度，然后向用户提供相应的建议和支持。

第三，基于深度学习的推荐：基于深度学习的推荐算法是目前个性化推荐领域中最具前景的技术之一。相比传统的推荐算法，基于深度学习的推荐算法可以更好地挖掘用户和物品之间的潜在关联关系，从而实现更精准、个性化的推荐服务。

基于深度学习的推荐算法主要有两种：基于矩阵分解的算法和基于深度神经网络的算法。基于矩阵分解的算法可以通过分解用户－物品矩阵，提取用户和物品的潜在特征向量，从而预测用户对未知物品的兴趣。基于深度神经网络的算法则可以利用多层神经网络来学习用户和物品的复杂特征表示，从而更好地挖掘用户和物品之间的关联。

基于深度学习的推荐算法在聊天机器人设计中的应用，可以帮助聊天机器人更加精准地分析用户的兴趣爱好和行为特征。聊天机器人可以通过分析用户在社交网络上的活动、阅读历史、搜索历史等数据，提取出用户的多种特征向量，包括语义特征、视觉特征、社交关系特征等。然后，聊天机器人可以将这些特征向量输入到深度学习模型中，通过学习用户和物品之间的潜在关联关系，提供个性化、精准的推荐服务。

需要注意的是，基于深度学习的推荐算法在训练和应用过程中需要大量的数据和计算资源。同时，该算法也需要针对不同的场景和问题进行调整和优化。因此，在实际应用中，聊天机器人需要综合考虑多种推荐算法和数据挖掘技术，以提高推荐的效果和用户体验。

5.1.7.2　定制化

聊天机器人的定制化设计是指为特定用户或企业定制聊天机器人的外观、功能、内容等方面，以满足用户的个性化需求。定制化设计是聊天机器人设计中非常重要的一环，因为只有通过个性化定制，才能更好地与用户建立连接，提高用户的满意度和忠诚度。

聊天机器人的定制化设计包括以下几个方面。

一是外观设计。聊天机器人的外观设计对于用户的第一印象和品牌形象的塑造具有非常重要的作用。因此，聊天机器人的外观设计应该符合企业品牌形象，吸引用户的注意力。在对聊天机器人的外观进行设计时，需要考虑四方面内容。

第一，设计元素：聊天机器人的设计元素包括颜色、形状、质感、声音等方面。这些元素应该与企业品牌形象相符，符合企业的视觉识别系统。例如，如果企业的品牌标志是蓝色，那么聊天机器人的颜色也应该以蓝色为主色调。

第二，界面设计：聊天机器人的界面设计也非常重要。聊天机器人的界面设计应该简洁、直观、易于操作。同时，聊天机器人的界面设计也应该符合企业品牌形象，使用户在使用聊天机器人时感受到企业的品牌价值和文化。

第三，交互设计：聊天机器人的交互设计应该根据用户需求和场景进行调整和优化。例如，如果聊天机器人是为老年人设计的，那么应该采用更加直观和简单的交互方式，方便老年人使用。

第四，可定制性：聊天机器人的外观设计也应该具有可定制性，以满足不同企业和用户的需求。企业可以提供多种聊天机器人的外观模板，供用户进行选择和定制。

除了以上几个方面，聊天机器人的外观设计还应该考虑实用性和舒适性。聊天机器人应该易于维护和清洁，并且符合人体工学原理，使用户在长时间使用聊天机器人时感到舒适。

二是功能设计。聊天机器人的功能设计是聊天机器人的核心设计之一，它包括问答、推荐、购物、预定、客服等不同功能模块。这些功能模块是为了满足用户需求而设计的，因此，企业需要对聊天机器人的功能进行定制化设计，根据用户需求和场景进行调整和优化。

在功能设计中，用户需求是非常重要的一个方面。企业需要了解用户的需求和痛点，从而设计符合用户需求的聊天机器人功能。例如，如果用户需要查找某个产品的信息，那么聊天机器人需要提供详细的产品信息查询功能，以满足用户的需求。

另一个重要的方面是场景设计。聊天机器人的功能设计应该根据不同场景进行调整和优化。例如，如果聊天机器人是为餐饮行业设计的，那么聊天机器人需要提供预订、点餐等功能，以满足用户在餐饮场景下的需求。

企业还可以通过聊天机器人的数据分析功能，了解用户的需求和反馈，进一步优化聊天机器人的功能设计。例如，如果用户对聊天机器人的某个功能不满意，那么企业可以根据用户反馈，对该功能进行调整和优化，提高用户的满意度和忠诚度。

三是内容设计。在聊天机器人的内容设计中，有一些可以考虑的方面。

首先，企业需要了解用户的兴趣爱好，从而设计符合用户兴趣爱好的聊天机器人内容。例如，如果用户喜欢体育运动，那么聊天机器人可以提供有关体育赛事的新闻和资讯。

其次，聊天机器人的内容设计应该根据用户需求进行调整和优化。例如，如果用户需要购买某个产品，那么聊天机器人可以提供产品信息和购买链接。聊天机器人的内容设计需要考虑到用户的需求，以提供更好的服务。

最后，企业可以通过聊天机器人的数据分析功能，了解用户的兴趣爱好和需求，进一步优化聊天机器人的内容设计。例如，如果用户对聊天机器人的某个内容模块不感兴趣，那么企业可以根据用户反馈，对该模块进行调整和优化。

四是语言设计。聊天机器人的语言设计是指为了更好地与用户进行沟通，聊天机器人所使用的语言应该符合用户的语言习惯和文化背景。在不同的地域和文化环境中，用户的语言习惯和表达方式可能有所不同。因此，企业需要对聊天机器人的语言进行定制化设计，以符合用户的语言习惯和文化背景。

这就要求企业首先需要了解用户的语言习惯，从而设计符合用户语言习惯的聊天机器人语言。例如，如果用户的母语是中文，那么聊天机器人需要使用标准的中文表达方式，避免使用一些地方性的口语和方言，以确保用户可以准确理解聊天机器人的回答。

其次，聊天机器人的语言设计还应该根据用户文化背景进行调整和优化。不同地域和文化背景的用户对某些话题和表达方式可能存在差异，企业需要了解用户的文化背景，以避免不必要的误解和冲突。例如，在某些文化中，某些话题可能是禁忌的，企业需要注意这些文化差异，以避免给用户造成不适。

此外，企业还可以通过机器学习和自然语言处理等技术，对用户的语言进行分析和学习，进一步优化聊天机器人的语言设计。例如，聊天机器人可以根据用户的历史交互记录和反馈信息，对其语言习惯和文化背景进行学习和调整，提供更加符合用户需求和偏好的语言服务。

5.2 聊天机器人的运行技巧

聊天机器人（ChatGPT）的运行技巧可以分为几个主要类别：基于规则的方法、基于检索的方法、基于生成的方法以及混合方法。

5.2.1 基于规则的方法

基于规则的方法是一种早期的聊天机器人实现技巧，它主要依赖于预先定义的规则和模式匹配来生成回复。这种方法的工作原理如下：

5.2.1.1 规则定义

开发者在构建基于规则的聊天机器人时，需要根据应用场景和目标用户群体预先定义一系列规则。这些规则可以包括模式匹配、关键词识别和特定问题的答案，以便让聊天机器人能够理解和回应用户输入。规则可以是简单的词汇匹配，也可以是复杂的正则表达式。以下是一些关于规则定义的详细说明。

第一，模式匹配：模式匹配是一种通过识别用户输入中的特定模式来匹配规则的方法。这种模式可以是简单的词汇组合，也可以是具有特定语法结构的句子。例如，一个模式可以是"天气＋城市名"，当用户询问某个城市的天气时，聊天机器人可以识别出这个模式，并给出相应的回答。

第二，关键词识别：关键词识别是一种通过检测用户输入内容中的特定关键词来匹配规则的方法。关键词可以是单个词汇，也可以是短语。开发者需要预先确定与各种问题和回答相关的关键词，以便在用户输入内容中进行搜索。例如，当用户提问关于电影推荐时，聊天机器人可以识别关键词"推荐"和"电影"，然后给出相应的建议。

第三，特定问题的答案：这类规则针对一些特定问题，提供预设的答案。例如，当用户询问聊天机器人的名字时，可以直接回答预设好的名字。这类规则通常用于回答常见问题，如公司地址、营业时间等。

第四，简单的词汇匹配：这种规则主要依赖于词汇级别的匹配，适用于处理简单和直接的问题。例如，当用户询问"你好吗？"时，聊天机器人可以通过识别关键词"你好吗"来生成回复"我很好，谢谢！"。

第五，复杂的正则表达式：正则表达式是一种强大的模式匹配工具，可以用来匹配复杂的文本模式。通过使用正则表达式，开发者可以定义更复杂、更灵活的规则，以处理各种语言变体和表达方式。例如，可以使用正则表达式来识别不同形式的时间表达（如"下午 3 点""15：00"等）。

在定义规则时，开发者需要充分考虑应用场景的多样性和复杂性，以确保聊天机器人能够妥善处理各种用户输入内容。此外，为了提高聊天机器人的准确性和用户体验，开发者在定义规则时还需要注意深入研究目标用户群体的需求，了解他们在使用聊天机器人时可能遇到的问题和场景。通过对用户需求的深入理解，可以更好地定义有针对性的规则，提高聊天机器人输出的实用性和准确性。要考虑到用户输入可能存在模糊和不确定性。例如，用户可能使用不同的词汇、语法或表达方式来提出同一个问题。为了提高聊天机器人的应对能力，开发者应尽量考虑各种可能的表达方式，并在规则中进行适当的处理。在定义多个规则时，可能会出现一条用户输入同时匹配多个规则的情况。为了确保聊天机器人能够给出正确和合适的回答，开发者需要为规则设定优先级，以便在发生冲突时能够正确选择最佳匹配规则。

随着应用场景和用户需求的变化，开发者需要定期更新和优化规则库，以保持聊天机器人的准确性和实用性。这可能包括添加新的规则、修改已有规则以及删除不再适用的规则等。

5.2.1.2 用户输入处理

当用户向聊天机器人发送一条消息时，聊天机器人在进行模式匹配之前，会对输入进行一系列预处理操作。预处理的目的是简化文本，提取有用的信息，并将输入转换成更容易匹配规则的形式。在预处理过程中，聊天机器人会执行一些常见的文本处理任务。

首先，聊天机器人可能需要对用户输入进行分词。分词是将连续的文本拆分成单词或短语的过程，以便于对输入中的各个部分进行分析。这对于识别关键词和模式至关重要，因为它们通常基于单词或短语进行匹配。分词的方法因语言而异，可能包括基于空格的分割、基于词典的查找等。

接下来，聊天机器人会去除输入中的标点符号。标点符号在识别句子结构和语义方面起到了重要作用，但在模式匹配阶段，它们可能会干扰关键词和模式的识别。因此，将标点符号从输入中移除，有助于提高匹配的准确性。

此外，聊天机器人还会移除输入中的停用词。停用词是指一些在文本中频繁出现但对于理解文本意义并不重要的词汇，如冠词、介词和助动词等。去除停用词有助于让聊天机器人更容易关注输入中的关键信息。

经过预处理后，用户输入已经被简化并标准化，这有助于聊天机器人更有效地进行模式匹配，从而提高回答的准确性和相关性。在这个阶段，聊天机器人将对处理后的文本进行规则匹配，以便生成合适的回复。

5.2.1.3　规则匹配

在聊天机器人处理用户输入的过程中，匹配预定义规则是关键步骤之一。经过预处理后的用户输入，将与预定义规则进行比较，以确定最符合用户意图的回答。在这个过程中，聊天机器人可能会采用多种匹配技术，以提高回答的准确性和相关性。

字符串匹配是一种基本的匹配方法，它通过比较用户输入与预定义规则中的字符串是否相等来判断匹配程度。这种方法适用于处理简单的问题，如用户输入的问题与预定义规则中的问题完全一致。然而，字符串匹配对于处理复杂和多样化的输入可能效果不佳，因为它无法识别不同表达方式的相同问题。

关键词搜索是另一种常用的匹配方法。聊天机器人会在用户输入中寻找预定义规则中指定的关键词。如果找到了与规则相关的关键词，聊天机器人会认为这条规则与用户输入匹配。关键词搜索方法在处理同一问题的多种表达时具有更高的灵活性，但可能受到歧义和同义词的影响。

正则表达式匹配是一种更高级的匹配技术，它允许聊天机器人识别复杂的文本模式。正则表达式可以描述特定的字符序列和结构，从而使聊天机器人能够识别不同形式的相同问题。正则表达式匹配在处理复杂输入和识别多种表达方式时具有较高的准确性和灵活性。

在进行规则匹配时，聊天机器人可能会综合使用这些方法，以便在不同情况下找到最合适的回答。一旦成功匹配到某个规则，聊天机器人就会根据该规则生成回复。这些回复可以是预设的文本，也可以根据匹配到的模式动态生成。匹配过程的准确性和效率对于聊天机器人的用户体验至关重要，因此，开发者需要不断优化匹配算法，以满足用户的需求。

5.2.1.4　回复生成

当聊天机器人根据匹配到的规则生成相应回复时，它会根据规则的类型和具体内容来确定回答的形式。这些回复可能包括预设的文本，也可能是根据匹配到的模式动态生成的内容，以提供更为个性化和实用的答案。

预设的文本回复通常用于回答常见问题或特定主题的询问。这类回复是开发者在设计聊天机器人时预先编写的，它们通常包含了针对某一问题的标准答案。例如，当用户询问聊天机器人的名字、年龄或功能时，聊天机器人可以直接回答预设好的内容。预设文本回复的优点是简单、易于实现，但它们可能缺乏灵活性和针对性。

与预设文本回复相比，动态生成的回复能够根据匹配到的模式和用户输入的具体内容进行定制。聊天机器人会分析用户输入中的关键信息，如关键词、数字或其他细节，并将这些信息融入回答中，以提供更具针对性的回复。例如，当用户询问某个城市的天气时，聊天机器人可以根据城市名称和当前天气数据动态生成回答，如"今天纽约的天气晴朗，气温为 25℃"。动态生成的回复具有更高的灵活性和实用性，但实现起来可能较为复杂。

为了提供更好的用户服务，聊天机器人通常会结合预设文本回复和动态生成回复的优点，根据不同场景选择合适的回答方式。在某些情况下，聊天机器人甚至可能将预设文本回复与动态生成的内容相结合，以提供更丰富和个性化的回答。

5.2.2　基于检索的方法

基于检索的聊天机器人主要依赖预先构建的知识库来提供回答。这些知识库一般包括大量的问答、对话片段、常见问题解答以及其他相关信息资源，以确保涵盖广泛的领域和话题。这类聊天机器人的核心目标是在收到用户提问时，能够迅速并准确地找到最符合用户需求的回答。

为了实现这一目标，基于检索的聊天机器人会对用户的输入进行分析，这包括对用户输入的关键词提取、语义理解以及问题类型识别等。通过这些分析，聊天机器人可以更好地理解用户的需求，并从知识库中找到与问题高度相关的回答。

在检索过程中，聊天机器人会采用各种先进的技术和算法，如 TF-IDF（词频－逆文档频率）、余弦相似度和 BM25 等。这些技术有助于机器人更准确地衡量用户输入与知识库中现有内容之间的相似度，从而为用户提供最合适的答案。

5.2.2.1 TF-IDF（词频－逆文档频率）

TF-IDF（词频－逆文档频率）是一种常用于信息检索和文本挖掘的技术，它可以有效地衡量一个词在文档中的重要程度。在聊天机器人检索过程中，TF-IDF 可以找到与用户输入最相关的答案。

在聊天机器人中，TF-IDF 的应用主要分为以下几个步骤：

第一，预处理。首先，需要对知识库中的所有文本和用户输入进行预处理，包括分词、去除停用词、词干提取等操作。这有助于将文本转化为更易于处理的格式。

第二，计算词频（TF）。词频是指一个词在某个文档中出现的次数。对于聊天机器人来说，这通常意味着计算用户输入中每个词在知识库中各个文档中的出现次数。

第三，计算逆文档频率（IDF）。逆文档频率是指一个词在所有文档中的罕见程度。IDF 的计算公式为：IDF = log（文档总数 / 包含该词的文档数）。逆文档频率的作用是降低常见词（如"的""是"等）的权重，提高罕见词的权重。

第四，计算 TF-IDF 值。将词频和逆文档频率相乘，得到每个词在各个文档中的 TF-IDF 值。这个值表示了该词在特定文档中的重要程度。

第五，相似度计算。根据用户输入和知识库中各个文档的 TF-IDF 值，计算余弦相似度或其他相似度指标。这有助于衡量用户输入和知识库中文档的相似程度。

第六，结果排序与输出。将计算出的相似度进行排序，找到与用户输入最相关的答案，然后返回给用户。

通过应用 TF-IDF 技术，聊天机器人可以更准确地找到与用户问题相关的回答。然而，TF-IDF 仅考虑词频和逆文档频率，并未涉及词义和上下文信息。因此，在某些情况下，它可能无法完全满足聊天机器人的需求。实际应用中，TF-IDF 通常与其他方法（如 NLP 技术和基于向量的相似度计算）结合使用，以提高检索效果和回答质量。

5.2.2.2　余弦相似度

余弦相似度是一种常用于衡量两个向量之间相似度的方法。在聊天机器人检索过程中，余弦相似度可以帮助评估用户输入与知识库中的回答之间的相关程度，从而找到最匹配的答案。

在聊天机器人检索中，余弦相似度的应用主要分为以下几个步骤：

第一，预处理。与之前提到的 TF-IDF 方法类似，首先需要对知识库中的所有文本和用户输入进行预处理，包括分词、去除停用词、词干提取等操作。

第二，特征向量生成。对于用户输入和知识库中的每个文档，根据选定的特征表示方法（如 TF-IDF 或词嵌入等）将文本转换为数值特征向量。这些向量可以捕捉文本的语义信息，并用于后续的相似度计算。

第三，计算余弦相似度。将用户输入的特征向量与知识库中每个文档的特征向量进行比较，计算它们之间的余弦相似度。余弦相似度的计算公式为"余弦相似度 = (A · B) / (||A|| ||B||)"，其中 A 和 B 分别表示两个特征向量，||A|| 和 ||B|| 表示向量的模长。余弦相似度的取值范围为 [-1, 1]，值越接近 1，表示两个向量越相似。

第四，结果排序与输出。根据计算出的余弦相似度对知识库中的文档进行排序，选取与用户输入最相关的答案返回给用户。

通过使用余弦相似度，聊天机器人可以量化用户输入与知识库中文档之间的关系，并挑选出最匹配的答案。与 TF-IDF 方法相结合，余弦相似度可以提高聊天机器人检索的准确性和效果。需要注意的是，余弦相似度主要关注向量之间的角度关系，而不考虑向量的大小，因此，在某些情况下可能无法捕捉文本的细微差别。实际应用中，可以将余弦相似度与其他相似度度量方法和 NLP 技术结合使用，以进一步提高聊天机器人的性能。

5.2.2.3 BM25

BM25（Best Matching 25）是一种基于概率信息检索的算法，它起源于 Okapi 信息检索系统。BM25 用于评估一个文档与特定查询之间的相关性，因此，它可以应用于聊天机器人的检索过程中，以帮助找到与用户输入最相关的答案。

在聊天机器人检索中，BM25 的应用主要分为以下几个步骤。

第一，预处理：与之前提到的 TF-IDF 和余弦相似度方法类似，首先需要对知识库中的所有文本和用户输入进行预处理，包括分词、去除停用词、词干提取等操作。

第二，计算词频（TF）：词频表示一个词在某个文档中出现的次数。对于聊天机器人来说，这通常意味着计算用户输入中的每个词在知识库中各个文档中的出现次数。

第三，计算逆文档频率（IDF）：逆文档频率表示一个词在所有文档中的罕见程度。IDF 的计算公式为 "IDF = log（文档总数 / 包含该词的文档数）"。

第四，计算 BM25 分数：BM25 算法在 TF-IDF 的基础上引入了文档长度归一化和词频饱和度调整等因素。计算用户输入与知识库中每个文档的 BM25 分数。BM25 的计算公式为"BM25 = IDF × [TF × ($k1$ + 1)]/ {TF + $k1$ × [1 − b + b × （文档长度 / 平均文档长度)]}"，其中 $k1$ 和 b 是调整参数，通常取值为 $k1$=1.2~2.0，b=0.75。

第五，结果排序与输出：根据计算出的 BM25 分数对知识库中的文档进行排序，选取与用户输入最相关的答案返回给用户。

BM25 算法在聊天机器人检索中的应用可以提高检索结果的准确性和相关性，因为它在计算过程中考虑了词频、逆文档频率以及文档长度等因素。然而，BM25 同样没有考虑词义和上下文信息。为了进一步提高聊天机器人的检索性能，可以将 BM25 与其他方法（如 NLP 技术、词嵌入、向量相似度计算等）结合使用。

基于检索的聊天机器人具有一定的优势，因为它们的回答来源于精心构建的知识库，所生成的回答通常具有较高的准确性、可靠性和语境相关性。这种方法可以迅速地为用户提供有针对性的解答，从而有效提高用户满意度和信任度。同时，这种快速响应的特点使得它们在各种场景中，如客户支持、产品推荐和信息查询等，都能够发挥重要作用。

尽管如此，基于检索的聊天机器人也面临着一些挑战，有一定的局限性。首先，在处理知识库中未涵盖的问题时，这类聊天机器人可能无法给出令人满意的回应。由于它们完全依赖于现有知识库，一旦遇到超出知识库范围的问题，它们可能会遇到困难。这在某种程度上限制了聊天机器人的灵活性和适应性。

其次，基于检索的聊天机器人需要持续更新和维护知识库，以适应不断变化的信息和满足不断扩大的用户需求。这可能导致较高的维护成本，因为知识库的更新和扩展需要投入大量人力和时间。此外，对于一些特定领域的知识，可能需要专业人员的参与以确保准确性。

此外，基于检索的聊天机器人在处理复杂、多层次的问题时可能不足以满足用户需求。由于这类聊天机器人的回答很大程度上受到知识库内容的限制，它们可能难以为用户提供深入的解答或针对特定情况进行个性化建议。

5.2.3 基于生成的方法

基于生成的聊天机器人依赖于复杂的神经网络来学习如何根据输入生成相应的回答。这些神经网络包括循环神经网络（RNN）、长短时记忆网络（LSTM）、门控循环单元（GRU）等。此外，还有一些更先进的模型，如 Transformer、BERT，它们在自然语言处理领域取得了显著的成果。这些模型都试图学习输入与回答之间的概率分布，以生成合适的回答。

5.2.3.1　RNN、LSTM 和 GRU

这些神经网络的核心特点是它们可以在处理输入序列时保留之前的状态信息。这种记忆功能使得 RNN、LSTM 和 GRU 能够捕捉到文本中的时序信息，从而更好地理解上下文语义。

特别是 LSTM 和 GRU，它们都通过引入特殊的门结构来解决传统 RNN 面临的长期依赖问题。长期依赖问题是指，在处理长文本时，传统 RNN 很难捕捉到距离较远的上下文信息。LSTM 和 GRU 通过以下方式解决了这个问题。

LSTM：长短时记忆网络引入了三个门结构，分别是输入门、遗忘门和输出门。输入门决定了当前输入信息的接收程度；遗忘门控制了前一个时刻的状态信息保留程度；输出门则决定了当前时刻的状态信息输出程度。这些门结构使得 LSTM 可以根据不同的输入和状态调整信息的保留和传递，从而捕捉到更远的上下文信息。

GRU：门控循环单元是 LSTM 的一种简化版本，它只引入了两个门结构，即更新门和重置门。更新门用于平衡新输入信息与旧状态信息的融合程度；重置门则控制旧状态信息在当前时刻的保留程度。尽管 GRU 相对简单，但在很多场景下，它的性能与 LSTM 相当，且计算复杂度较低。

5.2.3.2　Transformer

这种模型结构基于自注意力机制（Self-Attention），可以捕捉文本中的长距离依赖关系。相比传统的循环神经网络，Transformer 在处理长文本时具有更好的性能。此外，Transformer 的并行计算能力使其在大规模数据上训练更加高效。

Transformer 模型是一种基于自注意力机制（Self-Attention）的模型结构，相较于传统的循环神经网络（如 RNN、LSTM、GRU），它在捕捉文本中的长距离依赖关系方面表现出优越性能。自注意力机制允许模型为文本中的每个单词分配不同的权重，以便在生成输出时关注最重要的上下文信息。

本书前面已经介绍了 Transformer 模型，这里再次强调一下 Transformer 模型结构的一些关键特点。

第一，自注意力机制：自注意力机制是 Transformer 的核心组成部分。它可以计算输入序列中每个单词与其他单词之间的关联程度，从而确定哪些单词对于生成输出最为关键。这种机制使得 Transformer 可以捕捉到文本中的长距离依赖关系，进而生成更准确的回答。

第二，多头注意力：Transformer 模型通过多头注意力机制来并行处理多个自注意力子空间。这种并行计算方式允许模型在不同的表示子空间中捕捉到多种语义信息，从而提高模型的表达能力。

第三，位置编码：由于 Transformer 模型没有循环结构，因此，需要一种方式来表示文本中单词的顺序信息。位置编码是一种将单词位置信息添加到输入中的方法，它使得 Transformer 能够捕捉到文本中的顺序关系。

第四，编码器和解码器：Transformer 模型包含多层编码器和解码器。编码器负责将输入文本编码成一个固定长度的向量，解码器则负责从该向量生成输出文本。编码器和解码器之间的信息传递通过自注意力机制实现，使得解码器可以关注到输入文本中的关键信息。

5.2.3.3　BERT

BERT（Bidirectional Encoder Representations from Transformers）是一种基于 Transformer 架构的预训练模型，它在自然语言处理领域取得了突破性成果。其主要特点是通过在大规模无标注语料库上进行双向预训练，使模型能够学习到丰富的语言表示。这些表示捕捉了词汇、句法、语义以及上下文信息，为下游任务提供了强大的基础。

以下是 BERT 模型的一些关键特性。

第一，双向预训练：与传统的单向预训练方法（如 GPT，仅从左到右学习上下文信息）不同，BERT 采用一种更为先进的双向预训练策略。这意味着 BERT 可以同时学习单词左侧和右侧的上下文信息。在实际应用中，这种双向学习策略帮助模型更全面地捕捉文本中的依赖关系、潜在语义以及词汇间的相互关联。

双向预训练的优势在于，模型能够更好地理解单词在给定语境下的具体含义。例如，考虑一个具有多种含义的单词，如"bank"。在不同的上下文中，"bank"可能表示河岸、金融机构或存储设备。通过同时学习单词左侧和右侧的上下文信息，BERT 能够根据语境来区分这些不同的含义，从而提高模型在自然语言处理任务上的性能。

此外，双向预训练策略还允许模型对输入文本进行全局分析，从而更好地捕捉长距离的依赖关系。这对于处理复杂的句子结构、解析歧义语义以及识别隐含关系等任务具有重要意义。

第二，掩码语言模型：BERT 在预训练阶段采用了一种独特且有效的方法，称为掩码语言模型（Masked Language Model, MLM）。这种方法的主要目的是让模型能够更好地捕捉文本中的上下文信息，从而提高其在自然语言处理任务上的性能。

在 MLM 训练过程中，首先从输入文本中随机选择一定比例的单词，并将它们替换为特殊的掩码符号。这样，原始文本中的一部分信息就被隐藏了。接着，BERT 模型需要依赖于未被掩码的上下文信息来预测被掩码的单词。在这个过程中，模型学会了关注文本中的依赖关系、词汇含义、语法结构等知识，从而形成更丰富的语言表示内容。

MLM 的训练方式与传统的单向预训练方法有很大不同。在单向预训练中，模型仅从左到右或从右到左学习上下文信息。然而，MLM 允许 BERT 同时学习单词左侧和右侧的上下文信息，从而更全面地理解文本中的语义。

此外，掩码语言模型训练过程迫使模型在预测被掩码单词时考虑到不同的可能性，从而提高其泛化能力。这意味着当模型在面对不熟悉的输入时，它仍然能够表现出较好的性能。

第三，微调策略：为了适应特定任务，BERT 模型需要经过一个重要的过程，即微调。微调是在预训练模型的基础上，对其进行进一步训练，以使其更好地适应特定任务。在微调阶段，模型使用有标注的任务相关数据进行训练，以优化在该任务上的性能。

微调的过程有助于将 BERT 模型从一个通用的语言表示模型转变为一个针对具体任务的高性能模型。这是因为在微调过程中，模型可以学习到与特定任务相关的细节和模式。通过在有标注数据上进行训练，模型能够理解如何将预训练阶段学到的知识应用于特定任务。

在微调阶段，可以保持预训练模型的大部分权重不变，只对模型的最后一层或几层进行优化。这样，模型可以保留在预训练阶段学到的丰富语言表示，同时对特定任务的输出进行调整。这种方法避免了在针对新任务进行训练时从头开始训练的成本，同时保证了模型的性能和泛化能力。

5.2.4 混合方法

混合方法是聊天机器人的一种策略，它将上述方法进行了有效结合，旨在充分利用这两种方法的优点，以提高聊天机器人的性能和优化用户体验。

在混合方法中，通常聊天机器人首先尝试使用基于检索的方法，从预先构建的知识库中找到与用户输入最匹配的回答。这种方法的优点是生成的回答通常较为准确、可靠且符合语境，能够快速、有效地提供有针对性的解答。

　　然而，当用户提出未在知识库中收录的问题时，基于检索的方法可能无法给出合适的回应。这时，聊天机器人会启用基于生成的方法，利用预训练的神经网络模型（如 RNN、LSTM、GRU、Transformer、BERT、GPT 等）来生成回答。基于生成的方法具有更强的泛化能力，可以处理知识库中未包含的问题。

　　为了采用混合方法，聊天机器人需要具备一定的决策能力来在基于检索和基于生成的方法之间进行选择。这种决策能力包括评估检索到的回答的质量、相关性或置信度，以便在不同情况下选择合适的答案生成策略。

　　首先，聊天机器人可以对检索到的回答进行评估，判断其与用户输入的问题的匹配程度。这可以通过计算余弦相似度、BM25 分数等指标来实现。如果检索到的回答与用户问题高度相关且置信度较高，聊天机器人可以直接使用这个回答。

　　然而，在某些情况下，检索到的回答可能不够准确或相关性较低。这时，聊天机器人可以启用基于生成的方法，利用预训练的神经网络模型生成回答。这种方法能够根据输入的问题生成更灵活、自然的回答，尤其在知识库无法覆盖的问题上具有较强的泛化能力。

　　聊天机器人还可以在某些情况下将来自基于检索和基于生成方法的回答进行整合。例如，机器人可以将检索到的回答作为生成方法的输入，引导生成模型生成更符合语境的回答。此外，聊天机器人还可以对来自两种方法的回答进行加权融合，根据各自的置信度分配权重，从而生成一个更全面、准确的回答。

　　为了获取这种决策能力，聊天机器人需要具备一定的算法和技术支持，如采用启发式方法、基于规则的系统或者利用机器学习模型进行评估和选择。这样的决策能力可以有效地提高聊天机器人在不同情况下的应对能力，进一步提升用户体验。

第6章

GPT模型的微调

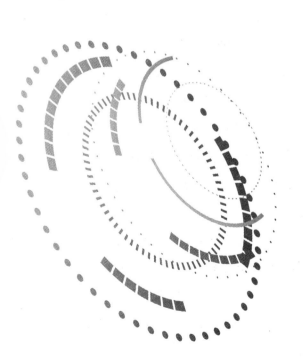

6.1 微调的理论与实践

6.1.1 微调的理论基础

6.1.1.1 微调的概念与起源

微调（Fine-tuning）这一概念在深度学习领域中十分常见，它指的是在预训练模型的基础上，通过对模型参数进行微小的调整，使模型能够更好地适应特定任务的过程。这一过程充分利用了预训练模型在大规模数据集上学习到的通用知识，而无需从头开始训练模型。

微调的概念起源于迁移学习（Transfer Learning）的思想。迁移学习是一种让机器利用在某一任务上获取的知识，来帮助解决另一个不同但相关的任务的学习策略。迁移学习的出现打破了传统机器学习每个任务都需要独立学习和构建模型的框架，将机器学习引向了更加高效的方向。具体到深度学习领域，由于深度学习模型通常需要大量的数据和计算资源进行训练，直接从头训练模型对于许多任务来说是不现实的。因此，研究者们开始探索能否将在大规模数据集上预训练的模型，如图像领域的 ResNet、自然语言处理领域的 BERT 和 GPT 等，应用到其他任务中。经过实验，研究者们发现，通过对预训练模型进行微调，即对模型的参数进行微小的调整，可以使模型在特定任务上获得显著的性能提升。这一策略大大降低了模型训练的复杂性和成本，使得深度学习可以被广泛应用在各种任务和领域中。

微调的理论基础在于神经网络中的参数共享，预训练模型在大规模数据集上训练，可以学习到通用的特征表示。这些特征表示可以视为一种先验知识，对于不同的任务有着广泛的适用性。在这种先验知识的基础上进行微调，可以使模型更快地适应特定任务，而无需大规模的数据和计算资源。微调不仅提高了模型的训练效率，也提升了模型在特定任务上的性能，使得深度学习模型在各种实际应用中发挥了巨大的价值。

6.1.1.2　微调与传统机器学习的区别

微调与传统机器学习的主要区别在于其对预训练模型和迁移学习的运用。而传统机器学习通常在每个特定的任务上独立训练模型，不会借助于其他任务的模型或数据。

微调的过程中，通常会利用预训练模型。这些预训练模型在大规模的数据集上进行训练，学习到了一般的模式和特征。这些特征可以被视为一种先验知识，对于许多任务有着广泛的适用性。微调的过程即是在这种先验知识的基础上进行，我们通过调整预训练模型的参数，使其能够更好地适应特定的任务。传统的机器学习方法通常需要在每个特定任务上独立训练模型。例如，如果要在文本分类和情感分析两个任务上训练模型，需要分别为这两个任务构建模型，并在各自的数据集上进行训练。这种方法虽然可以得到针对特定任务的模型，但是需要大量的数据和计算资源。此外，由于模型是独立训练的，所以不能利用到其他任务的知识。微调基于迁移学习的思想。迁移学习的思想是，模型在一个任务上学习到的知识可以用来帮助解决其他相关的任务。通过微调，可以将模型在源任务上学习到的知识迁移到目标任务上，从而提高模型在目标任务上的性能。这一点与传统的机器学习方法截然不同，传统的机器学习方法通常不会考虑任务之间的关联性。因此，微调与传统的机器学习方法在模型训练的方式上有着明显的区别。微调利用了预训练模型和迁移学习的优势，提高了模型训练的效率，也使得模型能够在数据稀缺的情况下仍然得到满意的性能。而传统的机器学习方法则需要大量的数据和计算资源，并且不会利用其他任务的知识。

6.1.1.3 微调在深度学习模型中的重要性

微调在深度学习模型中的重要性主要有四点，如图 6-1 所示。

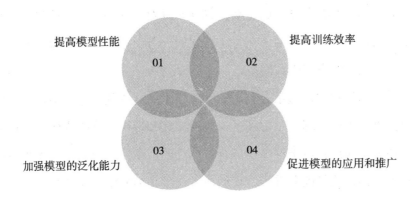

提高模型性能   01   02   提高训练效率

加强模型的泛化能力   03   04   促进模型的应用和推广

图 6-1　微调在深度学习模型中的重要性

一是提高模型性能。微调在深度学习模型中的重要性体现在它可以提高模型的性能。预训练模型通常是在大规模数据集上进行训练的，因此具有很强的特征提取能力和泛化能力。通过微调，可以利用预训练模型学习到的通用特征和知识，来辅助解决特定任务。微调时，通常会保持预训练模型的底层网络参数不变，只更新最后几层或几个模块的参数。这样可以避免过度调整预训练模型的通用特征，而使其专注于特定任务的学习。通过在特定任务上进行微调，模型可以更好地适应该任务的特征分布，从而提高模型的性能。此外，微调还可以避免从零开始训练模型，节省了大量的时间和计算资源。

二是提高训练效率。在深度学习中，从零开始训练一个复杂的模型通常需要大量的标注数据和计算资源。而通过微调，可以利用已有的预训练模型，将其作为初始模型进行进一步的训练。这样可以避免从零开始训练模型所需的大量计算资源和时间消耗。微调只需要在特定任务的数据集上进行相对较少的迭代训练，因为预训练模型已经具有较好的初始参数，模型只需进行局部调整即可适应特定任务的特征。因此，微调可以大大缩短模型的训练时间，提高训练的效率。

三是加强模型的泛化能力。预训练模型通常是在大规模数据集上进行训练的，因此能够学习到一般性的特征和知识。通过微调，可以将这些一般性的特征和知识应用到特定任务中，从而提高模型在特定任务上的泛化能力。预训练模型已经通过大规模数据集的训练，具有一定的鲁棒性和通用性，可以捕捉到数据中的共性和普遍规律。通过微调，模型可以从预训练模型中继承这些通用特征，更好地适应特定任务的数据分布和特征。因此，微调可以提高模型在特定任务中的泛化能力，使其在未见过的数据上也能表现出良好的性能。

四是促进模型的应用和推广。微调的策略使得非专家用户也能够利用深度学习模型解决特定的问题。预训练模型通常由专家团队在大规模数据集上进行训练，并且经过了严格的验证和调优。通过将预训练模型应用于特定任务，并进行微调，用户可以快速构建并训练适用于自己任务的深度学习模型，而无需从头开始设计和训练模型。这使得深度学习模型的应用和推广更加容易和便捷，降低了对用户的专业知识要求。用户只需要了解如何使用预训练模型和微调的技术，就能够将模型应用到自己的特定任务中，并获得令人满意的结果。这样的模型应用和推广方式，促进了深度学习模型的广泛应用和普及，使更多人受益于深度学习技术的发展。

6.1.2　微调在机器学习中的应用

6.1.2.1　微调在各类机器学习任务中的表现

在图像分类任务中，微调是一种广泛应用于卷积神经网络（CNN）模型的方法。预训练的 CNN 模型通常通过在大规模图像数据集（如 ImageNet）上进行训练而得到。微调允许将这些预训练模型迁移到特定的图像分类任务中，为任务提供了一个强大的起点。微调的过程涉及将预训练模型的权重作为初始参数，并在目标任务的数据集上进行进一步训练，通过反向传播算法更新参数。这种方法能够更快地收敛并获得较好的性能，尤其在训练数据有限的情况下表现出色。通过微调预训练模型，可以将模型在大规模数据集上学到的通用特征迁移到目标任务中。这些预训练模型在底层的卷积层已经学会了边缘检测、纹理提取等基本特征，这些特征对于各种图像分类任务都是有用的。因此，在微调过程中，通常会保持预训练模型的底层卷积层的权重不变，只更新顶层的全连接层或分类器层的参数。这种策略能够充分利用预训练模型在大规模数据集上学到的通用特征，并将其与目标任务的特征相结合，从而优化模型在特定任务上的表现。微调的优势在于它可以通过利用预训练模型的知识来加快模型的收敛速度和提高模型的性能。预训练模型已经通过大规模数据集的训练获得了一定的泛化能力，因此，在目标任务的训练过程中，微调可以避免从头开始训练模型的需求，节省了时间和计算资源。此外，微调还可以降低过拟合的风险，特别是在训练数据有限的情况下，通过微调预训练模型可以更好地泛化到未见过的数据上。

在目标检测和物体识别任务中，微调同样发挥了重要作用。通过使用预训练的卷积神经网络（CNN）作为基础模型，可以在目标检测和物体识别任务上进行微调。微调过程中，通常保持基础模型的卷积层参数不变，只更新全连接层或其他特定层的参数。这种微调策略的目的是保持模型对图像的低级特征提取能力，同时通过微调高级特征层来适应目标检测和物体识别任务的需求。卷积层是负责提取图像的局部特征和纹理信息，这些特征对于目标检测和物体识别是通用的。因此，在微调过程中保持卷积层参数不变，可以利用预训练模型在大规模数据集上学到的通用特征。相比之下，全连接层等高级特征层更加任务特定，它们负责将低级特征转化为更高级的语义特征，以支持目标检测和物体识别任务的决策和分类。通过对这些层进行微调，模型可以更好地适应具体任务的要求，提高性能和准确性。微调在训练数据有限的情况下尤为重要。由于目标检测和物体识别任务往往需要大量标注的图像数据，而标注数据的收集往往是一项耗时且昂贵的过程。使用预训练模型进行微调，可以在较少的标注数据上获得较好的性能，节省了大量的标注时间和资源。

此外，在自然语言处理任务中，微调也被广泛应用。例如，在文本分类任务中，可以使用预训练的词嵌入模型，如 Word2Vec 或 GloVe 模型，作为初始参数，然后在目标任务的文本数据集上进行微调。通过微调，模型可以更好地适应特定的文本分类任务，提高模型的泛化能力。

6.1.2.2 微调在不同数据集上的效果

数据集规模对微调效果的影响非常重要。对于大规模数据集，如 ImageNet，由于其包含了大量的图像样本和丰富的类别，预训练模型在这样的数据集上训练得到的特征能够具有较强的泛化能力。因此，在微调过程中，预训练模型能够提供较好的初始参数，并能够很好地适应目标任务。相反，如果目标数据集规模较小，预训练模型的泛化能力可能会受到限制，微调效果可能不如在大规模数据集上的效果。如果目标数据集与预训练数据集具有一定的相似性，如同属于自然图像领域，微调效果通常会比较好。这是因为预训练模型在相似领域的大规模数据集上学到的特征能够更好地迁移到目标数据集上。然而，如果目标数据集与预训练数据集之间存在较大的领域差异，如从自然图像到医学图像，微调效果可能会受到一定的限制，因为预训练模型学到的特征可能不太适用于目标任务。微调过程中的参数设置也会对效果产生影响。例如，微调的学习率、批量大小、迭代次数等超参数的选择，都会对微调效果产生重要影响。合适的超参数选择可以使得模型在目标任务上更好地收敛，并达到更好的性能。因此，在微调过程中，需要根据目标任务的数据集和模型的特点进行合理的参数设置。

6.1.3 微调在 GPT 模型中的具体实施

6.1.3.1 GPT 模型的微调流程

微调 GPT 模型的第一步是准备目标任务的数据集。这包括将目标任务的数据进行预处理，将文本转化为模型可接受的输入格式，如将文本分为 token 并进行编码。同时，需要根据任务的特点，为数据集打上相应的标签或进行相应的标注，以便模型进行监督学习。接下来，选择一个合适的预训练的 GPT 模型作为基础模型。这可以是在大规模文本数据集上预训练得到的通用语言模型，如 GPT-3 或 GPT-4。选择合适的模型是基于任务需求和计算资源的考虑，较大的模型通常具有更强的表示能力，但也需要更多的计算资源。在微调过程中，通常将基础模型的权重作为初始参数，并在目标任务的数据集上进行进一步训练。微调过程中，通过反向传播算法计算损失函数，并根据损失函数对模型参数进行更新。通常使用随机梯度下降（SGD）或自适应优化算法（如 Adam）来进行参数更新。微调过程中的关键是确定微调的层和参数。在 GPT 模型中，可以选择冻结某些层的参数，只更新顶层或特定层的参数。这是因为底层的 Transformer 层在预训练中已经学习到了通用的语言表示，可以被视为具有较好的泛化能力。因此，在微调过程中，可以选择保持底层的参数不变，只更新顶层的参数来适应特定任务的需求。此外，微调过程中的超参数设置也是影响微调效果的重要因素。例如，学习率、批量大小、迭代次数等超参数需要根据任务和数据集的特点进行合理选择。合适的超参数设置可以使得模型在目标任务上更好地收敛，并获得更好的性能。在微调过程完成后，可以对微调后的模型进行评估和测试，使用预留的测试数据集来评估模型在目标任务上的性能。通过评估结果可以判断微调的效果，并对模型进行进一步调优或应用。

6.1.3.2　微调 GPT 模型的关键步骤与技术

一是数据准备。在微调 GPT 模型之前，需要准备目标任务的数据集。这包括将任务相关的文本数据进行预处理，如分词、编码等，以便于模型的输入。同时，根据任务的特点，为数据集进行标注或打上相应的标签，以便于进行监督学习。此步骤需要确保数据集质量和合理性，以优化微调的效果。

二是选择预训练模型。选择适合目标任务的预训练 GPT 模型作为基础模型。通常可以选择在大规模文本数据集上进行预训练的通用语言模型，如 GPT-3 或 GPT-4。预训练模型的选择应基于任务需求和可用计算资源的考量。更大的模型通常具有更强的表示能力，但也需要更多的计算资源。

三是微调过程。在微调过程中，将基础模型的权重作为初始参数，并在目标任务的数据集上进行进一步训练。微调过程中，通过反向传播算法计算损失函数，并根据损失函数对模型参数进行更新。常用的优化算法包括随机梯度下降（SGD）和自适应优化算法（如 Adam）。微调的目标是通过在目标任务上的训练过程中调整模型的参数，使其更好地适应特定任务。

四是微调层和参数选择。在微调 GPT 模型时，需要确定微调的层和参数。通常，底层的 Transformer 层在预训练中已经学习到了通用的语言表示，具有较好的泛化能力，因此可以选择保持底层的参数不变，只更新顶层或特定层的参数。这种方式可以充分利用预训练模型在大规模数据集上学到的特征，并将其与目标任务的特征相结合，从而提高模型性能。

五是超参数设置。微调过程中的超参数设置对微调效果有着重要影响。学习率、批量大小、迭代次数等超参数的选择需要根据任务和数据集的特点进行合理设置。合适的超参数设置可以使模型在目标任务上更好地收敛，并获得更好的性能。调优超参数的常用方法包括网格搜索和

152

随机搜索等。

六是模型评估和调优。微调完成后,需要对微调后的模型进行评估和测试。使用预留的测试数据集评估模型在目标任务上的性能。评估结果可以指导对模型的调优和改进,如调整超参数、增加训练数据、调整微调策略等。

6.1.3.3　微调后的 GPT 模型效果展示与分析

一是机器翻译。机器翻译是自然语言处理中的一个重要任务,它的目标是将一种语言的文本翻译成另一种语言的文本,而保持原文的含义不变。在过去的几十年里,机器翻译已经从基于规则的系统发展到基于统计的系统,再到近年来的基于神经网络的系统。尽管机器翻译取得了显著的进步,但在处理语言的复杂性、歧义性和多样性方面仍存在挑战。微调的 GPT 模型在机器翻译任务中展示了巨大的潜力。GPT 模型的优势在于其可以处理大量的无标注文本数据,同时,模型的自回归特性使得它能够生成连贯和流畅的文本,这对于机器翻译任务来说非常重要。通过微调,GPT 模型可以更好地适应特定的机器翻译任务,例如,将英语翻译为法语或者德语。以 Facebook AI 研究团队的工作为例,他们在大量的英法和英德平行语料上对 GPT 模型进行了微调,使得模型可以更好地理解源语言的语义和目标语言的语法结构。他们的研究结果显示,微调的 GPT 模型在机器翻译任务中的表现超过了许多前沿的神经网络翻译模型,证明了微调在机器翻译中的有效性。

然而,使用微调的 GPT 模型进行机器翻译仍有一些需要注意的问题。首先,微调需要大量的标注数据,这对于一些低资源语言来说是一个挑战。其次,微调过程中可能会出现过拟合的问题,需要通过一些策略如正则化、早停等来解决。最后，GPT 模型的生成性质使得其在翻译时可能会生成错误或不准确的信息，需要用有效的策略来解决这个问题。

二是文本生成。文本生成是另一个广泛使用微调 GPT 模型的任务。在此类任务中，模型需要生成具有一定逻辑性、连贯性和创造性的文本，如写诗、创作故事或者写新闻报道等。GPT 模型通过其自回归结构和大规模的预训练，已经表现出在文本生成任务中的强大能力。

OpenAI 的 GPT-2 和 GPT-3 是在文本生成任务中表现优秀的例子。它们可以生成看起来像是人类写的连贯、一致和富有创造性的文章。这是因为在预训练阶段，模型已经学会了大量的语言知识，包括词汇、语法、句式以及一些常见的语言模式等。在微调阶段，通过特定任务的训练数据，模型可以学习到更具任务相关的知识，如诗歌的韵脚和节奏，故事的情节结构等。

虽然微调的 GPT 模型在文本生成任务中取得了令人瞩目的成果，但仍存在一些挑战。首先，模型生成的文本可能会包含偏见或者不恰当的内容，这是因为模型在预训练阶段可能会从训练数据中学习到这些偏见。其次，模型可能会生成虚假或者错误的信息，因为模型并不理解文本的真实含义，只是在模拟文本的统计特性。此外，模型的创造性也有限，因为模型生成的文本主要基于其在训练数据中看到的模式，对于一些新的、未在训练数据中出现过的创意，模型可能无法生成。因此，虽然微调的 GPT 模型在文本生成任务中有很大的潜力，但仍需要进行更多的研究和改进。

三是问答系统。传统的问答系统主要依赖于手动构建的特征和知识库，这需要大量的人力和物力投入，并且难以适应各种类型和领域的问题。相比之下，基于深度学习的问答系统通过从大量数据中自动学习语言模式和知识，可以更好地处理各种问题，并且可以不断学习和改进。

微调的 GPT 模型在问答系统中展现出了显著的优势。微调的 GPT 模型通过预训练和微调的方式，可以利用大量无标签的文本数据学习丰富的语言知识，这使得它能够理解各种复杂的问题，并生成合理的答案。此外，GPT 模型的生成式性质使其能够生成流畅的、自然的文本，而不仅仅是简单的答案，这使得它在生成开放式问题的答案时表现出色。例如，微调的 GPT-3 在一项公开的问答任务挑战中，取得了可以与人类表现相媲美的成绩。在这项挑战中，GPT-3 需要回答一系列开放式问题，如 "巴黎是哪个国家的首都？" 或 "为什么大象的鼻子那么长？" 等。GPT-3 不仅准确地回答了这些问题，而且生成的答案语言流畅，表现出深厚的语言理解和生成能力。

6.2　使用微调策略优化模型的表现

6.2.1　微调策略的选择和应用

在选择和应用微调策略时，需要考虑任务的特点、训练数据的规模、已有模型的质量以及计算资源的限制。

6.2.1.1　预训练模型的选择

选择合适的预训练模型是微调的关键步骤。通常，预训练模型应具备以下特点：

第一，基于大规模数据集的预训练。在大规模数据集上进行预训练可以让模型学习到更广泛、更通用的特征表示。这些数据集通常包含了来自不同领域和多样化的图像、文本或其他数据类型，因此，预训练模型能够从中捕捉到丰富的语义和语法知识。通过在大规模数据集上进行预训练，模型可以学习到一般性的模式和特征，这为后续微调提供了强大的基础。预训练模型已经通过大量数据进行了训练，因此，具备了良好的初始化参数，有助于加快微调过程中的收敛速度，并提供更好的性能。

第二，类似领域的预训练。不同领域的数据具有不同的特点和模式，因此，选择与目标任务相似的预训练模型可以提供更好的初始特征表示。例如，在图像分类任务中，如果目标任务是识别动物，选择在大规模动物图像数据集上预训练的模型会比在汽车图像数据集上预训练的模型更适用。这是因为预训练模型在相似领域上学到的特征更符合目标任务的需求，从而可以更好地适应目标任务的数据分布和特征提取要求。选择类似领域的预训练模型可以帮助减少微调过程中的领域差异，并优化模型在目标任务上的表现。

6.2.1.2　微调层的选择

微调的关键是确定需要更新哪些模型层的参数。通常，可以采取以下策略：

第一，冻结底层参数。底层参数通常是指预训练模型的低层卷积层或基础网络层，这些层负责提取图像或文本的低级特征，如边缘、纹理等。由于这些底层参数已经在大规模数据上进行了充分训练，所以它们具有较好的通用特征提取能力。因此，在微调过程中，可以选择冻结这些底层参数，不进行更新，以保留它们在预训练任务中学到的知识。这有助于避免在微调过程中过度调整底层参数，保持模型的基本特征提取能力，同时减少微调过程中的计算开销。

第二，更新顶层参数。顶层参数通常是指模型的全连接层或其他高级特征层，这些层负责将底层特征进行组合和映射，以适应特定的任务需求。在微调过程中，可以选择更新这些顶层参数，使其能够更好地适应目标任务的特征和数据分布。通过更新顶层参数，模型可以在预训练的基础上进行特定任务的优化，提高模型在目标任务上的性能。这种策略可以在有限的训练数据集下实现快速收敛，并且使模型更专注于目标任务的特定要求。

第三，部分解冻策略。在微调过程中，可以选择解冻模型的部分参数，即允许一部分参数进行更新，而另一部分参数保持冻结状态。这种策略可以根据具体任务的需求进行调整，以实现更精细的模型优化。例如，可以选择只解冻模型的一部分特定层，或者在训练的不同阶段逐渐解冻更多的参数。这种部分解冻策略可以在微调过程中更灵活地平衡模型的泛化能力和任务特定性能，同时还可以降低模型在微调过程中过拟合的风险。

6.2.1.3　学习率调整

微调过程中的学习率调整非常重要，可以通过以下方式进行：

第一，小学习率微调。在微调开始阶段，由于预训练模型已经通过大规模数据进行了充分训练，其参数已经具备了良好的初始化性能。因此，在微调时可以选择较小的学习率来进行微调。较小的学习率可以帮助模型在微调过程中保持较小的参数更新步长，避免过快地跳出预训练的参数空间。通过小学习率微调，可以更加稳定地优化模型，使其逐渐适应目标任务的特定需求。

第二，逐渐减小学习率。在微调过程中，可以使用学习率衰减策略来逐渐减小学习率。学习率衰减可以帮助模型在微调的后期更加精细地调整参数，以达到更好的优化效果。常用的学习率衰减方法包括指数衰减、余弦衰减等。通过逐渐减小学习率，可以使模型在微调的后期更加稳定地收敛，并避免过拟合的风险。此外，逐渐减小学习率还有助于模型在接近收敛时进行更精细的参数调整，提高模型的性能。

6.2.1.4 数据增强

数据增强是一种常用的策略，旨在通过对训练数据进行变换和扩增，增加训练样本的多样性，从而提高模型的泛化能力。在微调中，通常使用常见的数据增强方法对训练数据进行扩展，以提高数据的多样性和丰富性。

一种常见的数据增强方法是几何变换，包括旋转、平移、缩放和裁剪等。通过对训练图像进行旋转，可以模拟不同角度的观察视角，增加模型对物体旋转不变性的学习能力。平移操作可以模拟物体在图像中的位置变化，提高模型对物体位置的鲁棒性。缩放操作可以模拟物体的大小变化，增加模型对尺度变化的适应性。裁剪操作可以改变图像的视野和组成，增加模型对不同场景的理解能力。另一种常见的数据增强方法是颜色变换，如亮度调整、对比度增强、颜色平衡等。这些变换可以模拟不同光照条件下的图像，提高模型对光照变化的鲁棒性。此外，还可以应用噪声添加、镜像翻转、模糊等技术进行数据增强，以增加数据的多样性。

　　数据增强的目的是提供更多的训练样本，使模型能够更好地学习和泛化到不同的情况。通过提高数据的多样性和丰富性，数据增强可以减轻过拟合的风险，并提高模型的泛化能力。然而，在应用数据增强时需要注意平衡增强程度和数据的真实性，以确保增强后的数据仍能保持与真实数据的一致性。

6.2.1.5　正则化和提前停止

　　正则化技术是通过在目标函数中引入正则化项来约束模型的复杂度。其中，权重衰减（L2 正则化）是一种常用的正则化技术。通过在损失函数中添加权重衰减项，可以惩罚较大的权重值，从而减少模型的过拟合风险。权重衰减可以通过调整正则化参数来控制其对模型的影响程度，从而平衡模型的拟合能力和泛化能力。dropout 也是常用的正则化技术，在训练过程中，dropout 会随机将一部分神经元的输出置为零，以降低神经网络的复杂度。通过随机断开神经元之间的连接，dropout 可以减少神经元之间的依赖关系，从而提高模型的泛化能力。

　　提前停止是一种基于验证集性能的策略，用于决定何时停止微调过程。在微调过程中，可以在每个训练周期后评估模型在验证集上的性能，并监控其性能的变化。当验证集性能达到最优点后开始下降，或者训练集性能达到饱和状态时，可以选择停止微调，以避免模型在训练集上过拟合。

6.2.1.6　迭代和调优

　　调优的关键是调整模型的参数和超参数。参数调整包括学习率、正则化参数、优化算法等，通过调整这些参数可以对模型的收敛速度和拟合能力进行调节。超参数调整包括网络结构、层数、节点数等，通过调整这些超参数可以优化模型的表达能力和泛化能力。在调优过程中，可以采用网格搜索、随机搜索、贝叶斯优化等方法，根据验证集上的性能指标进行参数调整。通过多次迭代和参数调整，逐步优化模型的性能，使其更好地符合目标任务的需求。同时，还需要注意调优过程中的过拟合问题。如果模型在训练集上表现很好但在验证集上表现较差，可能存在过拟合的情况。此时可以通过增加正则化项、减少模型复杂度等方式来应对过拟合问题。

6.2.2　微调对模型性能的影响

6.2.2.1　提高模型的收敛速度

由于预训练模型已经具备了丰富的特征提取能力，通过微调，模型能够更快地收敛到较好的性能。通过微调，可以在预训练模型的基础上继续训练，从而利用这些已经学习到的通用特征来快速适应特定任务的要求。

相比从随机初始化开始训练的模型，微调可以减少训练的时间和计算资源的消耗。预训练模型已经在大规模数据集上进行了训练，并具备了较好的参数初始化。通过将这些参数作为微调的初始参数，模型能够从一个更有利的起点开始训练，避免了从零开始学习的过程。这样，模型可以更快地调整和优化自身的参数，逐渐适应目标任务的要求，并达到较好的性能。另外，预训练模型已经通过在大规模数据集上进行训

160

练，学习到了丰富的语义和语法知识。这些知识可以帮助模型更好地理解和表示输入数据的特征。通过微调，模型可以保留这些通用特征提取能力，并通过在特定任务数据上的微调来调整模型以适应任务的特殊要求。这种迁移学习的方式使得模型能够更快地收敛到较好的性能，减少了在目标任务上的训练所需的样本和迭代次数。

6.2.2.2　增强模型的泛化能力

泛化能力指的是模型在未见过的数据上的表现能力，即其对新样本的适应能力和推广能力。预训练模型通过在大规模数据集上的训练获得了广泛的语义和语法知识，具备了较强的特征提取能力。而微调则能够将这些通用的特征和知识迁移到特定任务上，从而增强模型在目标领域的泛化能力。

通过微调，模型可以更好地适应目标任务的数据分布和特征表示。预训练模型已经在大规模数据集上学习到了一般性的特征，包括形状、颜色、纹理等。这些通用特征在不同任务和领域中都具有一定的适用性。通过微调，模型可以根据目标任务的特定要求，对这些通用特征进行调整和优化，以更好地适应目标任务的数据分布和特征表示方式。微调还可以通过在目标任务数据上的训练，引入任务特定的知识和规则，以进一步增强模型的泛化能力。例如，在自然语言处理任务中，可以通过微调预训练的语言模型来适应特定领域的语言表达方式和上下文信息。在图像识别任务中，可以通过微调预训练的卷积神经网络来调整模型对特定目标的关注和辨别能力。通过增强模型的泛化能力，微调可以使模型在未见过的数据上表现出更好的性能。它使模型能够更好地适应目标任务的数据特点和需求，从而提高模型的泛化能力和推广能力。这对于真实世界的应用非常重要，因为模型往往需要在各种不同的数据集和环境中进行测试和应用。

6.2.2.3 适应特定任务的需求

每个任务都具有不同的数据特征、问题设置和性能指标，因此，模型需要根据特定任务的需求进行调整和优化。微调提供了一种灵活的方式来适应这些任务需求，通过更新模型的参数和特征表示，使模型更好地适应目标任务的特殊要求。

预训练模型的顶层参数通常与特定任务相关，因此，可以通过更新这些参数，使模型更好地适应目标任务的特征表示和预测要求。例如，在图像分类任务中，可以通过微调顶层全连接层的权重来调整模型对不同类别的识别能力，从而提高分类性能。这种针对性的微调可以针对不同任务的要求进行调整，使模型更好地适应特定任务的特征和类别。还可以部分解冻，即在微调过程中解冻部分冻结的模型层。在预训练模型中，通常会冻结底层的参数，以保留其在预训练任务中学到的通用特征提取能力。而通过解冻部分层，可以在微调过程中对模型进行更细粒度的调整，以适应目标任务的需求。例如，在自然语言处理任务中，可以解冻预训练模型的某些层来调整对句子语义理解或语法分析的能力。这种部分解冻策略可以灵活地调整模型的性能和能力，以更好地适应特定任务的要求。

微调的目标是根据特定任务的需求，通过调整模型的参数和特征表示，使模型能够更好地适应任务的特殊要求。这种适应性使得模型能够在特定任务上展现出更好的性能。通过微调，模型能够通过预训练模型的知识和通用特征，结合目标任务的特殊要求，实现对模型的个性化定制和优化。这为解决特定任务的挑战提供了一种有效的方式，使模型能够更好地满足任务需求并提供更准确的预测和推理能力。

6.2.2.4　减少标注数据的需求

标注数据是训练深度学习模型所必需的，然而，获取大规模标注数据是一项昂贵且耗时的任务。通过利用预训练模型的知识和泛化能力，微调可以在有限的标注数据集上实现较好的性能，从而降低对大规模标注数据的需求。

预训练模型通过在大规模无标注数据上进行训练，学习到了丰富的语义和语法知识，具备了一般性的特征提取能力。微调过程中，这些通用特征可以在目标任务上得到迁移和调整，从而使模型能够更快地适应特定任务的数据分布和特征表示。这种迁移学习的方式使得微调可以在相对较小的标注数据集上获得较好的性能，从而减少对大规模标注数据的依赖。通过微调，模型能够利用预训练模型已经学习到的知识和表示能力，减少对标注数据的需求。相比于从头开始训练模型，微调可以在更小的标注数据集上取得较好的性能，从而降低了数据标注的成本和难度。这对于许多任务来说尤其重要，因为获取大规模标注数据可能会面临限制、成本高昂或专业知识需求的挑战。

6.3　微调的注意事项

6.3.1　微调中可能遇到的问题

6.3.1.1　过拟合

过拟合问题出现的主要原因是模型过于复杂，试图过分拟合训练数据中的每一个样本，以至于模型学习到了数据中的噪声或者特定于训练样本的特殊情况。这样的模型在训练数据上的表现可能非常好，但是在测试数据或者新的、未见过的数据上，模型的表现可能就会欠佳。对于GPT模型，由于其具有数亿到数十亿的参数，因此在微调过程中尤其容易出现过拟合的情况。这是因为，模型的参数越多，模型的复杂度就越高，越容易出现过拟合。当微调数据量较少时，模型可能会过度依赖于少量的训练样本，导致模型对训练样本的特定特征过度敏感，无法正确处理测试数据或者新的数据。另外，当模型训练次数过多时，也容易导致模型对训练数据过度拟合，这就是所谓的"训练过度"。

如何解决过拟合问题呢？有多种方法可以尝试。首先，早停法是一种常见的防止过拟合的技巧。早停法的思想是在模型在验证集上的性能开始下降时停止训练，以防止模型在训练数据上过度拟合。其次，正则化也是一种有效的方法。正则化通过在损失函数中添加一个正则项来约束模型的复杂度，从而防止模型过度拟合。常见的正则化方法有 L1 正则化、L2 正则化等。最后，dropout 也是一种常用的防止过拟合的方法。在训练过程中，dropout 会随机关闭一部分神经元，从而使模型不能过分依赖于任何一个特征或者神经元，提高模型的鲁棒性。

6.3.1.2　类别不平衡

类别不平衡问题是指在数据集中时，不同类别的样本数量存在显著的差异。在自然语言处理任务，特别是文本分类任务中，这是一个常见的问题。例如，某个情感分析任务中，积极评论的样本数量可能远多于消极评论的样本数量。对于 GPT 模型，在微调过程中，如果训练数据存在类别不平衡，可能会导致模型过度偏向于多数类，即模型在学习过程中过度关注数量多的类别，而忽视数量少的类别。这不仅会影响模型的分类性能，也会限制模型的泛化能力。

对于类别不平衡问题，有多种解决方案。首先，过采样是一种有效的处理方法。过采样方法通过增加少数类的样本数量来平衡不同类别的样本数量，如随机复制少数类样本或者使用 SMOTE 等算法生成新的少数类样本。过采样方法可以有效提升模型对少数类的识别能力，但可能会提高模型的过拟合风险。其次，欠采样也是一种常见的处理策略。欠采样方法通过减少多数类的样本数量来平衡不同类别的样本数量，如随机删除多数类样本。欠采样方法可以有效防止模型偏向于多数类，但可能会导致模型忽视一部分多数类的信息。最后，另一种有效的处理方法是使用合成新样本的技术，如 SMOTE 算法。这种方法通过对少数类样本进行插值，生成新的少数类样本，从而平衡各类别样本的数量。这种方法既可以增加少数类的样本数量，又能保持数据的多样性，避免了过拟合的风险。

在使用这些方法时，需要考虑到任务的特性和数据的特点，选择最合适的处理策略。同时，也需要注意，这些方法并不能从根本上解决类别不平衡问题，仍然需要在数据收集和模型设计阶段做好平衡各类别样本的工作。

6.3.1.3 数据质量问题

在微调 GPT 模型时，数据质量问题可能会导致一系列的问题。例如，噪声数据可能会干扰模型的学习，导致模型学到错误的模式；错误标签可能会误导模型的学习，降低模型的准确性；冗余信息可能会使模型过度关注无关特征，影响模型的泛化能力。对于这些问题，需要在微调前对数据进行仔细的清理和预处理。具体来说，可以采用数据清洗、异常值检测、去除重复样本等方法减少噪声数据和冗余信息；对于错误标签，可以通过人工审核或者模型自我校正的方法进行纠正。

此外，对于 GPT 模型，预训练数据的质量和覆盖范围也会影响模型的微调效果。预训练数据是 GPT 模型学习语言知识的基础，高质量的预训练数据能够提供丰富、准确的语言知识，有利于模型的学习。因此，为了获取更好的微调效果，可以考虑使用多源数据、多语言数据或者领域专业数据进行预训练。例如，多源数据可以提供更全面的语言知识，增强模型的泛化能力；多语言数据可以使模型学习到不同语言的知识，提高模型在多语言任务上的性能；领域专业数据可以使模型学习到特定领域的知识，提高模型在特定任务上的性能。

6.3.1.4　微调效果

微调效果直接反映了模型性能的优劣，而模型的性能又与其初始状态密切相关。模型的初始状态是通过预训练得到的，不同的预训练任务和预训练数据可能会导致模型的初始状态有所不同，从而影响微调的效果。

一方面，预训练任务的选择会影响模型初始状态的形成。GPT 模型在预训练阶段使用的是自监督学习任务，即使用模型自身的输出作为监督信号。不同的自监督学习任务，如蒙版语言模型、下一个词预测等，会让模型学习到不同的语言模式和知识，进而影响模型的初始状态。另一方面，预训练数据的选择也会影响模型初始状态的形成。如果预训练数据覆盖的领域广泛、样本多样，那么模型学习到的语言模式和知识也会更加丰富和多元，从而提高模型的泛化能力。相反，如果预训练数据过于单一或者存在偏差，模型可能会学习到错误或者有偏差的知识，从而影响微调的效果。

因此，在微调前，可以考虑通过增大预训练数据的多样性、选择合适的预训练任务、增加预训练阶段的训练次数等策略，来优化模型的初始状态，从而提高微调的效果。例如，可以使用来自不同领域、不同风格、不同语种的数据进行预训练，以提高预训练数据的多样性；也可以尝试不同的自监督学习任务，看看哪种任务能让模型学习到更有用的知识；另外，可以通过增加预训练阶段的训练次数，让模型有更多的机会学习和调整，从而获得更好的初始状态。

6.3.2　避免过度微调的策略

过度微调，或者说模型过拟合，是微调过程中常见的问题。这通常发生在模型在特定训练数据上表现优秀但在验证集或新的数据上表现不佳的情况。过度微调可能会导致模型丧失其泛化能力，从而影响模型在未见过的数据上的性能。以下是一些避免过度微调的策略：

6.3.2.1　早停法

早停法（Early Stopping）是在神经网络训练过程中非常常用的一种策略，用于防止模型在训练集上过度拟合，从而提高模型的泛化能力。该方法的关键思想在于监视模型在验证集（或称作开发集）上的性能，一旦观察到模型在验证集上的性能开始下滑（例如，连续几个 epoch 的验证集损失不再下降或者下降非常缓慢）则停止模型的训练过程。早停法的优点在于其简单易行且有效。它不需要额外的计算资源，只需要在训练过程中增加对验证集性能的监控即可。因此，早停法不仅能避免过拟合，还可以节省训练时间和计算资源。使用早停法需要注意的是，验证集的选择至关重要。验证集应尽可能反映模型在未见过的数据上的性能，因此，验证集的数据分布应尽可能与训练集和测试集相近。否则，模型可能在训练过程中产生过拟合或者欠拟合。在实践中，早停法有多种形式。例如，可以选择在验证集损失不再下降时立即停止训练，或者可以设定一个"耐心"参数，允许验证集损失在一段时间内不下降。此外，还可以结合学习率调度策略，如在验证集损失不再下降时降低学习率。

6.3.2.2　数据增强

数据增强是一种通过对现有训练数据进行某种形式的修改以创建更多训练样本的技术。例如，在 NLP 任务中，可以通过替换同义词、随机插入、删除或者交换单词等方式来增强数据。数据增强可以提供更多的训练样本，减少模型对特定训练样本的依赖，因此，有助于防止过度微调。

6.3.2.3　使用更大的训练集

训练集的大小直接影响模型的泛化能力。一般来说，更大的训练集可以提供更多的信息，有助于模型学习到更多样的模式，从而提高模型的泛化能力。因此，使用更大的训练集是避免过度微调的有效方法。

6.3.2.4　模型集成

模型集成是一种常用的提高模型性能的技术。其基本思想是训练多个模型，然后将这些模型的预测结果进行某种形式的组合。模型集成可以减少模型在特定训练样本上的依赖，提高模型的稳定性，从而防止过度微调。

6.3.3　在微调过程中的最佳实践

在微调 GPT 模型的过程中，有几种最佳实践可以帮助最大化模型的性能和效果。

6.3.3.1　选择合适的学习率

学习率是训练神经网络的关键参数之一。如果学习率设置得过高，训练可能会无法收敛；如果学习率设置得过低，训练速度可能会非常慢，而且可能会停留在不理想的局部最优点。因此，选择一个合适的学习率是微调的关键。可以通过实验或者使用学习率调度策略（如学习率衰减或者 warmup 等）来寻找合适的学习率。

6.3.3.2 适当的正则化

在训练深度神经网络，特别是大型模型（如 GPT）时，正则化是非常重要的。这可以帮助防止模型过拟合，并且可以提高模型的泛化能力。有许多不同类型的正则化策略，如 L1 和 L2 正则化、dropout、批量归一化等。在微调过程中，可以根据具体的任务和数据情况选择合适的正则化策略。

6.3.3.3 选择合适的优化器

优化器的选择对训练的速度和效果也有重要影响。比如，Adam 优化器在许多任务中都表现出了优秀的性能，因为它能够自适应地调整学习率。除了 Adam，还有其他的优化器如 SGD、RMSprop 等可以选择。

6.3.3.4 使用数据增强

数据增强是一种通过创建修改后的副本来增加数据量的技术。在自然语言处理任务中，可以通过如词序变换、同义词替换等方式来进行数据增强。这可以使模型接触到更多样的数据，从而提高模型的泛化能力。

6.3.3.5 分阶段微调

在一些复杂任务中，可能需要微调多个阶段。例如，首先在一个大的数据集上进行初步的微调，然后在一个更小但更接近目标任务的数据集上进行进一步的微调。这种分阶段的微调策略可以帮助模型更好地适应目标任务。

以上的最佳实践只是一些常见的策略，具体的选择需要根据任务需求和数据情况进行调整。在实践中，最好的策略往往需要通过实验和调试来找出。

6.4　训练成本和效率的权衡

6.4.1　理解训练成本和效率的关系

训练成本和效率是两个相互关联的因素。理解训练成本和效率之间的关系对于有效管理和优化训练过程至关重要。

训练成本是指进行模型训练所需的资源、时间和金钱等方面的投入。这些成本包括硬件设备、计算资源、存储空间、人力投入等。随着模型的规模和复杂度增加，训练成本往往也会相应增加。例如，大型深度神经网络模型需要更多的计算资源和存储空间，而复杂的数据集可能需要更多的时间和人力来进行数据准备和标注。训练效率指的是在给定的时间和资源下，完成模型训练的速度和效果。高效的训练能够更快地获得理想的模型性能，并且可以更及时地响应需求和改进模型。训练效率的提高可以通过减少训练时间、提高资源利用率以及优化训练过程来实现。

在训练成本和效率之间存在一种权衡关系。如果将更多的资源投入训练过程中，如使用更多的计算资源或扩大数据集规模，通常可以获得更好的模型性能。然而，这也会带来更高的成本。相反，如果限制训练成本，可能需要牺牲一定的性能和效果。

6.4.2　提高训练效率的策略

6.4.2.1　数据预处理和增强

数据预处理和增强是提高训练效率的重要策略之一。在深度学习模型训练之前，对数据进行预处理可以减少数据的维度和复杂性，从而降低计算和存储的开销。常见的数据预处理操作包括归一化、缩放和裁剪。归一化可以将数据映射到统一的范围，有助于模型的收敛和优化过程。缩放操作可以调整数据的尺度，使其适应模型的输入要求。裁剪则可以剔除图像中的无关部分，提取感兴趣的特征区域。

除了预处理，数据增强也是提高训练效率的重要手段。数据增强通过对原始数据进行变换和扩充，生成新的训练样本，从而增加了数据集的多样性。这对于有限的训练数据集来说尤为重要。常见的数据增强技术包括图像翻转、旋转、平移、缩放和变形等。这些操作可以使模型更好地学习数据的不变性和鲁棒性，并提高模型的泛化能力。通过数据增强，可以扩展训练数据集，提供更多的样本供模型学习，减少过拟合的风险，并提高模型的鲁棒性。

6.4.2.2　批量训练和并行计算

批量训练是一种有效提高训练效率的策略。传统的训练方法是逐个样本地输入模型进行计算和参数更新，而批量训练则是将多个样本一起输入模型进行计算和参数更新。批量训练可以减少计算的开销和内存占用，提高计算的效率，并且能够更好地利用硬件加速的能力。通过并行计算，可以同时对多个样本进行处理，提高计算的速度和吞吐量。

并行计算是利用多个计算设备（如 GPU）或分布式计算系统进行模型训练的策略。多个计算设备可以并行地计算和更新模型的参数，从而加速训练过程。这种并行计算的能力可以通过深度学习框架和硬件设备的支持来实现。例如，使用多个 GPU 可以将计算负载分布到不同的设备上，从而提高训练效率。分布式计算则可以将训练任务分布到多台计算机上进行并行处理，进一步加速训练过程。

6.4.2.3　模型压缩和量化

模型压缩和量化是一种有效的策略，可以减少模型的存储空间和计算量，从而提高训练效率。在深度学习中，模型通常具有大量的参数，导致模型的存储和计算开销较高。通过模型压缩和量化技术，可以降低模型的复杂度，从而减少了训练和推理时的计算需求。

一种常见的模型压缩技术是剪枝（Pruning），通过删除模型中冗余或不重要的参数，从而减少模型的参数量。剪枝可以根据参数的重要性进行选择，保留对模型性能影响较大的参数。另一种技术是量化（Quantization），通过减少模型参数的精度，将其表示为更小的数据类型（如 8 位整数），从而减少了存储空间和计算开销。这种量化技术可以通过权重量化和激活量化来实现。

6.4.2.4　硬件优化和加速

选择适当的硬件设备和加速技术是提高训练效率的重要策略。现代深度学习模型对计算资源的需求非常高，因此，选择高性能的硬件设备可以显著加速训练过程。例如，使用高性能的 GPU（图形处理器）可以提供并行计算的能力，加速模型的训练和推理。此外，还有专门为深度学习任务设计的硬件加速器，如 TPU（张量处理器），具有出色的计算性能和能效比，可以进一步提高训练效率。

此外，使用深度学习框架的优化库和加速工具也可以提高训练效率。这些优化库和工具可以利用硬件特性和底层优化技术，提供更高效的计算和数据处理。例如，CUDA（Compute Unified Device Architecture）是 NVIDIA 提供的并行计算平台和 API，可以提供 GPU 加速计算的能力。cuDNN（CUDA Deep Neural Network library）则是用于深度神经网络的加速库，提供了高性能的卷积和循环操作实现。

6.4.3　降低训练成本的策略

6.4.3.1　基于云计算的训练

云计算提供了强大的计算和存储资源，可以为深度学习训练提供高性能的基础设施。通过使用云平台提供的 GPU 实例，可以在云上进行训练，避免了昂贵的硬件投资和维护成本。此外，云计算还可以根据需要灵活调整计算资源的规模，以满足训练任务的需求，提高资源的利用率和经济性。

6.4.3.2　分布式训练

将训练任务分布到多台计算机或多个 GPU 上并行进行模型训练，可以显著降低训练时间和成本。分布式训练可以利用多台计算机或 GPU 之间的并行计算能力，提高训练的效率和吞吐量。例如，使用深度学习框架提供的分布式训练功能，可以将训练任务划分为多个子任务，并由不同的计算节点同时进行处理，加快训练速度。

6.4.3.3　数据并行训练

数据并行训练是一种有效的分布式训练策略，通过将数据集划分为多个子集，并将每个子集分配给不同的计算节点，可以并行地训练多个模型副本。每个模型副本使用不同的数据子集进行训练，并通过梯度的平均来更新模型的参数。这种并行训练方式可以显著降低训练时间和成本，特别是在大规模数据集和复杂模型的情况下。

6.4.4　采用高效的硬件和软件工具

在深度学习训练中，选择高效的硬件和软件工具是降低训练成本和提高效率的重要策略。通过采用专门设计的硬件设备和优化的软件工具，可以加速训练过程、提高计算效率，并降低训练成本。

6.4.4.1　GPU 加速

图形处理器（GPU）是深度学习训练中常用的硬件加速器，与传统的中央处理器（CPU）相比，GPU 在处理大规模数据和复杂计算任务时

175

具有明显的优势。GPU 具备大量的并行处理单元和高速内存，能够同时执行多个计算任务。在深度学习训练中，通常会使用大型的神经网络模型和海量的训练数据。通过并行计算的方式，GPU 可以同时对多个训练样本进行计算，加快模型参数的更新速度，从而提高训练效率。选择合适的 GPU 时，需要考虑几个关键因素。首先是计算能力，即 GPU 的浮点运算能力。较高的计算能力意味着 GPU 能够更快地执行深度学习模型中的矩阵计算和卷积运算等关键操作。其次是存储容量，大容量的显存可以容纳更多的训练数据和模型参数，减少数据传输的频率，提高训练效率。此外，功耗也是一个需要考虑的因素，较低的功耗能够降低训练过程中的能源消耗和散热需求。在使用 GPU 加速训练时，需要使用相应的深度学习框架和库来支持 GPU 计算。常见的框架如 TensorFlow 和 PyTorch 提供了针对 GPU 的优化和并行计算的接口，简化了 GPU 加速训练的实现过程。此外，还可以通过使用多个 GPU 进行并行计算，或者利用云计算平台提供的 GPU 资源来进一步加速训练过程。

6.4.4.2　TPU 加速

TPU（张量处理器）是一种专门用于加速深度学习训练和推理的硬件加速器，由 Google 开发。TPU 具有独特的架构和设计，旨在为深度学习任务提供高度的并行计算能力和高效的内存带宽。

与通用的 CPU 和 GPU 相比，TPU 在深度学习训练中具有显著的优势。首先，TPU 针对深度学习任务进行了优化，具有专用的硬件结构和指令集，能够更高效地执行深度学习计算任务。其次，TPU 具备大量的计算核心和高速的内存带宽，可以同时处理大规模的数据和复杂的计算操作，从而加快模型的训练速度。此外，TPU 还采用了低功耗设计，能够在提供高性能的同时降低能源消耗。

　　使用 TPU 加速训练可以显著提高训练效率和性能。TPU 通过高度并行的计算能力，在较短的时间内处理更多的训练样本和参数更新操作，加快了模型的收敛速度。同时，TPU 还能够减少训练过程中的内存瓶颈和数据传输的延迟，提高了训练效率和吞吐量。需要注意的是，应用 TPU 加速训练时，应使用相应的深度学习框架和库来支持 TPU 计算。例如，TensorFlow 框架提供了对 TPU 的原生支持，可以轻松地将模型和训练代码迁移到 TPU 上进行训练。此外，Google 还提供了云端的 TPU 资源，使得用户可以灵活地利用云计算平台来进行 TPU 加速训练，进一步提高训练效率和灵活性。

6.4.4.3　分布式训练框架

　　分布式训练框架，如 TensorFlow 和 PyTorch 为深度学习训练提供了高效的分布式计算工具和接口。这些框架允许将训练任务分配到多个计算节点上，并通过协调和同步不同节点上的计算，实现对模型参数的并行更新。分布式训练框架的使用可以极大地提高训练效率和吞吐量。分布式训练框架的核心思想是将模型和数据分割为多个部分，分配到不同的计算节点上进行并行计算。每个计算节点可以独立地处理一部分数据和模型参数，并通过消息传递机制进行节点间的通信和同步。这样一来，整个训练过程可以同时进行多个计算任务，加速了模型的训练进程。

　　在分布式训练框架中，通常采用参数服务器（Parameter Server）架构或 All-Reduce 算法来进行参数的分布式更新。在参数服务器架构中，一个或多个参数服务器负责存储和更新模型的参数，而计算节点则负责计算和传递梯度。而在 All-Reduce 算法中，每个计算节点计算本地梯度后，将其与其他节点的梯度进行求和或平均，然后将结果广播给所有节点进行参数的更新。这些方法都可以实现高效的参数更新和同步，加速了训练进程。分布式训练框架的使用需要具备一定的计算资源和网络带宽。通常，可以使用具有高性能网络和分布式存储的计算集群来支持分布式训练任务。在这种环境下，可以灵活地分配和扩展计算节点，并通过合理的资源管理和调度策略来提高训练效率和资源利用率。

6.4.4.4 深度学习优化库

CUDA 是一种并行计算平台和编程模型，可以将计算任务分配到 GPU 上并进行并行计算。通过使用 CUDA，深度学习框架可以充分利用 GPU 的计算能力，实现高效的深度学习运算。CUDA 提供了高级的 API 和运行时库，使得开发者能够方便地编写和优化 GPU 上的并行计算代码。

cuDNN 是 NVIDIA 开发的深度神经网络库，专门针对深度学习中的卷积神经网络（CNN）等常用模型进行了优化。cuDNN 提供了高度优化的卷积运算实现，包括快速的卷积、池化和激活函数等操作，可以显著加速卷积神经网络的训练和推理过程。cuDNN 还支持自动调整算法和内存使用，以提供最佳的性能和效率。

深度学习优化库可以带来多方面的优势。首先，优化库通过针对 GPU 架构的优化算法和实现，提供了高效的计算能力，加速了深度学习模型的训练和推理进程。其次，优化库提供了高速的内存访问和并行计算，减少了数据传输和计算开销，提高了训练效率。此外，优化库还包含了针对深度学习任务的特定优化，如快速的卷积实现，进一步提升了模型的计算性能。

第7章

ChatGPT在不同领域的应用

7.1 教育领域

7.1.1 在线辅导和作业帮助

在教育领域，聊天机器人（如 ChatGPT）已经成为一种重要的在线辅导和作业帮助工具。通过为学生提供个性化的学习支持、实时问题解答以及作业帮助与反馈，ChatGPT 可以帮助学生充分利用学习资源，优化学习效果。

7.1.1.1 个性化学习支持

个性化学习是指根据每个学生的学习需求、兴趣和进度来调整教学内容和方法。

当 ChatGPT 发现学生已经较好地掌握了某个知识点时，它会适时提高问题的难度，以便让学生在解决更复杂问题的过程中，进一步巩固和拓展所学知识。这有助于激发学生的学习兴趣，并培养他们应对挑战的能力。

相反，当 ChatGPT 发现学生在某个知识点上存在学习困难时，它会降低问题的难度，以便让学生在较为简单的问题中逐步建立信心。通过这种方式，学生可以在不断尝试和积累经验的过程中，逐渐提高自己的知识水平。

　　此外，ChatGPT 还可以根据学生的反馈来调整问题难度。当学生表示某个问题过于简单或困难时，聊天机器人会据此调整后续问题的难度，以满足学生的需求。这种灵活性让学生能够在一个舒适的环境中学习，从而取得更好的效果。

　　ChatGPT 可以分析学生的学习目标、兴趣和当前知识掌握水平，为他们制订学习计划。这种计划可以包括推荐的学习资源、适当的学习难度和合理的学习进度等，以确保学生能够在合适的环境中不断进步。

　　ChatGPT 可以实时监测学生的学习进度，为他们提供及时的反馈和建议。这样，学生可以清楚地了解自己对某个知识领域的掌握程度，从而调整学习策略和方法。此外，ChatGPT 还可以通过设定学习里程碑和激励机制，帮助学生保持学习动力。

　　ChatGPT 可以通过数据分析发现学生的薄弱环节，并针对这些环节提供有针对性的学习建议。这样，学生可以更有针对性地弥补自己的知识盲点。

　　最后，ChatGPT 的个性化学习计划和进度追踪功能还可以帮助学生更有效地利用时间。通过合理地安排学习任务和休息时间，学生可以在保证学习效果的同时，避免过度疲劳和产生学习压力。

7.1.1.2　实时问题解答

　　实时问题解答在学生学习过程中发挥着至关重要的作用，尤其是在学生在掌握知识点时遇到困难的情况下。

　　首先，通过实时解答问题，ChatGPT 可以让学生在遇到问题时立即得到帮助，避免了因为疑问无法解决而导致的学习中断。这有助于保持学生的学习连续性，确保他们的学习效率得到最大化。

其次，实时问题解答可以帮助学生快速理解和掌握新知识。当学生在学习过程中遇到不理解的知识点时，ChatGPT 可以及时地提供详细的解释和示例，使学生能够在较短时间内消化和吸收新知识。

最后，ChatGPT 实时问题解答的功能可以减轻教师的负担。在传统教育环境中，教师需要花费大量时间解答学生的问题。然而，借助ChatGPT，学生可以在遇到问题时直接向聊天机器人寻求帮助，从而让教师更好地关注课堂教学和其他重要事务。

实时问题解答还有助于培养学生的自主学习能力。这种随时随地的支持有助于培养学生的自信心，当学生知道他们可以随时获得帮助时，他们可能会更愿意尝试解决新问题，并积极探索学习领域。同时，实时问题解答有助于提高学生的问题解决能力。在与 ChatGPT 互动的过程中，学生可以学会如何提出有效的问题、分析问题和运用适当的方法来解决问题。这些技能对于学生在学术和职业生涯中取得成功至关重要。另外，实时问题解答功能有助于培养学生的时间管理能力和自律性。因为 ChatGPT 始终在线，学生可以根据自己的时间安排来进行学习，从而更好地管理自己的学习进度和学习时间。

7.1.1.3　作业帮助与反馈

完成作业是学生巩固所学知识的关键环节，而及时、有效的反馈对于学生提高学习效果至关重要。为了满足这一需求，ChatGPT 具备在学生提交作业时立即给出评价和建议的功能，帮助学生发现并改正错误。通过这种实时反馈，学生可以更快地理解自己在哪些方面需要改进，从而提高学习效率。

此外，ChatGPT 还可以为学生提供更多实践机会。例如，它可以根据学生在作业中的表现，生成类似的练习题来加强学生的知识掌握。这种个性化的练习题生成方式能够确保学生在自己薄弱的领域获得更多的锻炼机会，从而更好地巩固所学知识。

ChatGPT 作为一个 AI 智能辅助工具，评价学生作业时不仅关注学生的答案是否正确，更加关注学生的解题过程和思路。这种评价方式不仅是针对正确性的考量，更重要的是通过学生的解题过程和思路来全面评估学生的学习状况。

在学习过程中，学生的解题思路和过程是很重要的。一个正确的答案不一定意味着学生真正掌握了相关知识点，因为学生可能只是记住了一些规则或者某些特殊情况的答案。而通过学生的解题思路和过程，可以看出学生是否真正理解了知识点，是否能够熟练地运用相关概念和方法。

因此，在评价学生作业时，ChatGPT 会关注学生解题的步骤、思路、推理过程以及解题的难度等多方面因素。同时，ChatGPT 会考虑学生的时间管理和解题方法的有效性。这样的评价方式有利于学生掌握知识点的深度和广度，提高学生的学习成绩和学习能力。

7.1.2　语言学习与提升

7.1.2.1　语言学习助手

在语言学习中，ChatGPT 可以作为学生的在线语言辅导工具，为学生提供各种语言学习方面的帮助，包括语法、词汇、语音、听力、口语等。学生可以与 ChatGPT 进行对话，ChatGPT 会对学生的语言输入进行理解、分析和反馈，并根据学生的语言水平和学习需求，提供相应的语言学习建议和练习。

例如，ChatGPT 可以通过与学生进行对话，了解学生的语言水平和学习目标，然后提供相应的学习建议和练习，如针对学生的语法错误，ChatGPT 可以通过对学生的输入进行分析，找出语法错误，并提供相应的语法规则和练习，帮助学生纠正错误并掌握正确的语法知识。例如，对于一个犯了时态错误的学生，ChatGPT 可以解释时态的概念和用法，并提供相关的练习，让学生加深对时态的理解，提高应用能力。

针对学生的词汇问题，ChatGPT 可以通过对学生的输入进行词汇分析，找出学生不熟悉或错误使用的单词，并提供相应的词汇表和词汇练习，帮助学生扩展词汇量，提高语言表达能力。例如，对于一个词汇量不足的学生，ChatGPT 可以提供相关主题的词汇表和练习，让学生掌握更多的单词，并通过练习提高单词的运用能力。

除了纠正语法错误和扩展词汇量外，ChatGPT 还可以通过提供听力练习、口语练习等多种形式的练习，帮助学生全面提高语言水平。例如，ChatGPT 可以提供各种听力材料和听力练习，让学生通过听力理解提高对语言的敏感度和理解能力；同时，ChatGPT 也可以提供口语练习和对话练习，让学生在真实的语言环境中进行实战练习。

另外，ChatGPT 还可以通过模拟真实的语言环境和情境，帮助学生提高语言运用能力。例如，ChatGPT 可以为学生提供各种日常生活和工作场景的对话练习，让学生在语言环境中进行实战练习，从而提高学生的口语表达和听力理解能力。

7.1.2.2　写作辅导与改进

在写作方面，ChatGPT 可以通过对学生的文章进行语言分析和主题分析，了解学生的写作水平和写作目的，然后针对学生的问题提供相应的写作建议和改进方案。

如果学生的写作存在语言表达不准确或者句式结构不清晰的问题，ChatGPT 可以提供相应的语言修辞和表达建议，帮助学生掌握更加准确、流畅的表达技巧。例如，对于句子表达不够清晰的学生，ChatGPT 可以提供不同的句式结构和表达方式，让学生学会选择更加恰当、准确的表达方式；对于语言表达欠生动的学生，ChatGPT 可以提供丰富多彩的词汇和修辞手法，帮助学生提高写作的生动性和吸引力。

如果学生的写作主题和内容存在问题，ChatGPT 可以提供主题分析和构思建议，帮助学生从更加深入的层面进行思考和探究。例如，对于缺乏思路的学生，ChatGPT 可以提供思路展开的思路和方法，让学生清晰地理解文章主题和思路；对于思路过于简单的学生，ChatGPT 可以提供深入探究主题的建议，让学生能够更加深入、全面地挖掘文章的主题和内涵。

此外，通过提供不同难度和类型的写作题目，ChatGPT 可以帮助学生进行实战练习，让学生在真实的写作环境中练习和运用所学的写作技巧和方法。例如，对于一个初学者，ChatGPT 可以提供简单的写作练习，让学生从基础的语言表达和组织结构入手，逐渐提高写作水平；对于一个进阶的学生，ChatGPT 可以提供更加复杂的写作练习，让学生掌握更加高级的写作技巧和方法。

除了写作练习外，ChatGPT 还可以提供优秀范文的分析和解读，让学生从优秀的写作作品中汲取经验和灵感。通过对优秀范文的分析和解读，学生可以了解优秀作品的写作特点和优点，从而深入掌握写作技巧和方法。例如，对于文学作品的写作，ChatGPT 可以提供经典作品的分析和解读，让学生了解文学作品的写作风格和技巧；对于科技论文的写作，ChatGPT 可以提供优秀科技论文的分析和解读，让学生了解科技论文的写作结构和方法。

7.1.2.3 口语练习与纠正

一是口语练习。在口语练习方面，ChatGPT 可以通过提供不同难度和类型的口语练习，让学生在真实的口语环境中进行实战练习，并通过实时的语音分析和反馈，帮助学生全面掌握口语技巧和表达能力。例如，ChatGPT 可以提供不同主题和场景的口语练习，让学生练习口语交流、演讲和辩论等不同形式的口语表达；同时，ChatGPT 也可以提供丰富多彩的口语素材和对话练习情境，让学生在真实的口语环境中进行练习和应用。

下面举一个如何在餐厅点餐的例子：

ChatGPT：你好，我可以为你提供如何在餐厅点餐的口语练习，你感兴趣吗？

学生：好的，我很感兴趣。

ChatGPT：好的，请跟我一起模拟在餐厅点餐的场景。首先，你需要在服务员询问你的用餐方式时回答 for here 或 to go。如果你想在餐厅用餐，你可以回答 for here；如果你想带走食物，你可以回答 to go。你可以说"I would like to dine in, for here please"或者"I would like to order take-out, to go please"。这些表达方式都是很自然的英语口语表达方式。

学生：好的，我明白了。然后呢？

ChatGPT：然后，你需要告诉服务员你想要点什么。你可以先告诉服务员你想要的主食，如汉堡包、炸鸡等。然后，你需要选择你想要的配菜和饮料。你可以说"I would like a cheeseburger with fries and a coke"或者"Can I have a fried chicken sandwich with mashed potatoes and a lemonade?"这些表达方式都是很自然的英语口语表达方式。

学生：好的，我明白了。谢谢你的帮助！

ChatGPT：不客气，希望这些口语练习可以帮助你提高在餐厅点餐的能力。如果你还有其他的问题或需求，请告诉我。

二是纠正。在口语纠错方面，ChatGPT 可以通过实时的语音分析和反馈，找出学生口语表达中存在的问题和错误，并提供相应的纠正建议和练习，帮助学生掌握准确、流畅的口语表达能力。对于一个发音不准确的学生，ChatGPT 可以提供相应的发音纠正建议和练习，让学生掌握正确的发音技巧；对于一个语法错误频繁的学生，ChatGPT 可以提供相应的语法纠正建议和练习，让学生掌握准确的语法应用能力。

7.1.3　知识查询与扩展

7.1.3.1　学科知识查询

作为一个强大的自然语言处理技术，ChatGPT 可以通过对学生问题的理解和分析，提供准确、详尽的学科知识和解答。以下是一些具体的例子。

一是数学知识查询。ChatGPT 可以通过对学生数学问题的理解和分析，提供数学公式、定理和解答。例如，当学生提出"如何求解一元二次方程？"的问题时，ChatGPT 可以提供详尽的解答，并给出相应的数学公式和计算方法：

ChatGPT：一元二次方程的求解分为两种情况：一是可以通过配方法将一元二次方程转化为完全平方形式，然后求解；二是可以通过公式求解。您想了解哪种方法呢？

学生：我想了解两种方法。

ChatGPT：好的，首先来讲一下配方法。假设一元二次方程的标准形式为 $ax^2+bx+c=0$，其中 a，b，c 为已知数且 $a \neq 0$。我们可以通过配方法将其转化为完全平方形式。具体操作方法是将 x 项系数 b 除以2，然后在等式两边加上 $b^2/4a^2$，即可将一元二次方程转化为 $(ax+b/2a)^2=(b^2-4ac)/4a^2$ 的形式。然后，我们可以对完全平方形式进行求解，得到方程的两个根。需要注意的是，当 b^2-4ac 小于0时，方程无实数根。

接下来，我们来讲一下公式法。对于一元二次方程 $ax^2+bx+c=0$，其中 a、b、c 为已知数且 $a \neq 0$，它的两个解可以通过公式 $x=(-b \pm \sqrt{(b^2-4ac)})/2a$ 求得。其中，$\pm$ 表示两个解，$\sqrt{}$ 表示根号，b^2-4ac 称为判别式，当判别式大于0时，方程有两个不同的实数根；当判别式等于0时，方程有两个相等的实数根；当判别式小于0时，方程没有实数根。

学生：我明白了，谢谢你的解答！

ChatGPT：不客气，希望我的解答能够帮助你掌握一元二次方程的求解方法。如果你还有其他的问题或需求，请随时告诉我。

二是物理知识查询。当学生提出物理问题时，ChatGPT 可以通过对问题的分析，帮助学生找到问题的关键点和物理概念，并提供相应的解答和计算方法。例如，当学生提出"如何计算质点的位移"的问题时，ChatGPT 可以解释质点的概念和位移的定义，并提供相应的计算公式和例题。

ChatGPT 可以为学生提供物理实验的指导和建议，帮助学生进行实验操作和数据分析。例如，当学生需要进行光电效应实验时，ChatGPT 可以为学生提供实验原理和步骤，并指导学生进行实验操作和数据分析。

　　三是历史知识查询。ChatGPT 可以通过多种方式，帮助学生更深入地了解历史事件、人物和文化。

　　第一，文献分析：ChatGPT 可以为学生提供历史文献的分析和解读服务，帮助学生更加全面地理解历史事件和人物。例如，当学生需要了解明朝的政治制度和文化特点时，ChatGPT 可以为学生提供相关文献的解读和分析，帮助学生更加深入地了解明朝的历史背景和文化特点。

　　第二，地图分析：ChatGPT 可以为学生提供历史地图的分析和解读，帮助学生更加全面地了解历史事件和人物的地理背景。例如，当学生需要了解二战期间欧洲战场的地理背景时，ChatGPT 可以为学生提供相应的历史地图和解读，帮助学生更好地理解战争的进程和结果。

　　第三，影像解读：ChatGPT 可以为学生提供历史影像的解读和分析，帮助学生更加深入地了解历史事件和人物的生活和文化。例如，当学生需要了解 20 世纪初中国的社会文化状况时，ChatGPT 可以为学生提供相关的历史影像和解读，帮助学生更好地理解那个时期的社会和文化环境。

　　四是语言知识查询。ChatGPT 可以为学生提供语音语调的指导，帮助学生掌握正确的语音语调和发音技巧。

　　另外，ChatGPT 还可以为学生提供写作技巧的指导，帮助学生掌握正确的写作技巧和表达技巧。例如，当学生需要写作一篇英语论文时，ChatGPT 可以为学生提供写作技巧和范文分析，帮助学生提高论文的写作水平和表达能力。

7.1.3.2　学科知识扩展

ChatGPT 可以帮助学生扩展学科知识，为学生提供更广泛和深入的学科学习体验。以下是 ChatGPT 在学科知识扩展方面的具体应用。

一是学科概念拓展。ChatGPT 可以为学生提供学科概念的拓展和延伸，帮助学生更全面地理解学科知识和技能。例如，当学生需要了解光合作用时，ChatGPT 可以为学生提供更详细的光合作用原理和应用领域等相关知识，帮助学生更全面地了解光合作用的原理和应用。

二是学科实例解析。ChatGPT 可以为学生提供学科实例的解析和分析，帮助学生更好地理解学科知识和技能。例如，当学生需要了解生态环境保护时，ChatGPT 可以为学生提供相关的实例解析和分析，帮助学生更好地理解生态环境保护的重要性。

三是学科前沿探索。ChatGPT 可以为学生提供学科前沿的探索和讨论，帮助学生掌握学科最新的研究成果和发展趋势。例如，当学生需要了解机器学习的最新研究进展时，ChatGPT 可以为学生提供相关的前沿研究成果和讨论，帮助学生更好地了解机器学习的最新研究动态和未来发展趋势。

7.1.4　教师助手功能

7.1.4.1　课堂管理与参与

ChatGPT 具有教师助手功能，其能够帮助教师进行课堂管理和参与学习，具体表现在四个方面，如图 7-1 所示。

图 7-1　ChatGPT 在课堂管理与参与中的表现

一是课堂互动。ChatGPT 可以为教师提供实时投票和调查服务，学生可以即时参与课堂互动和投票。这种服务可以使教师在讲解知识点的时候，快速了解学生对知识点的掌握情况，从而更好地调整教学内容和方式。

ChatGPT 也可以为教师提供互动游戏和竞赛服务，让学生可以通过参与游戏和竞赛来更好地理解和掌握知识点。

同时，ChatGPT 还可以为教师和学生提供实时问答和讨论服务，让学生可以随时向教师提问和讨论问题。从而促进学生对知识点的深入理解和探讨，可以提高学生的参与度，增强学习效果。

二是作业管理。ChatGPT 可以为教师提供作业布置和批改服务，让教师可以在在线平台上直接布置作业并进行批改，也可以为教师提供学习计划和进度跟踪服务，让教师可以更好地掌握学生的学习进度和计划。

三是学习监控。ChatGPT 可以帮助教师收集和分析学生的学习数据，如学生的作业成绩、测试成绩、在线学习数据等。通过这些数据的分析，教师可以更好地了解学生的学习情况和学习特点，以便更好地进行个性化的教学和指导。另外，ChatGPT 可以帮助教师监控和反馈学生的学习行为，如学生的学习时间、学习方式、学习习惯等。

四是教学辅助。ChatGPT 可以为教师提供课件和教学视频的制作和分享服务，让教师可以更好地制作和分享课件和教学视频；可以为教师提供在线课堂和直播教学服务，让教师可以更好地进行教学和互动，这种服务可以增强学生的学习兴趣和参与度，优化教学效果；可以为教师提供教学资料和资源的共享和推荐服务，让教师可以更好地获取和分享优质的教学资源。这种服务可以提高教师的教学质量，同时也可以促进教师之间的交流和合作。

7.1.4.2　自动评分与反馈

ChatGPT 可以被应用于自动评分和反馈系统，为学生提供实时的评估和建议。以下是一些可能的应用场景。

一是作文评分与反馈。ChatGPT 能够对学生的作文进行全面的评估，从内容、结构、语法、拼写等多个方面给予反馈。在评分过程中，ChatGPT 首先会深入分析作文的主题和论点，确保学生的观点得到充分阐述，并评估文章的逻辑结构和论证方法，从而帮助学生提高论述能力和组织思想的能力。

此外，ChatGPT 还会关注作文中的语法和拼写问题，通过检查句子结构、时态、名词和动词的搭配等细节，纠正可能出现的错误。这样，学生在不知不觉中就能够提高自己的语法和拼写水平，为今后的写作打下坚实的基础。

通过对大量优秀作文进行学习，ChatGPT 能够从中提炼出优秀作品的共性，从而为学生提供有针对性的改进建议。这些建议可能涉及如何更好地开展论述、如何更有效地使用论证手段、如何提高语言表达的精确度和生动性等方面。通过这些具体的改进建议，学生能够在后续的写作中避免犯同样的错误，逐步提高自己的写作水平。

二是数学和科学问题求解。在数学领域，ChatGPT 可以自动识别和解析各类数学问题，包括代数、几何、微积分等不同的领域。通过对大量数学题目和解题方法的学习，它能够快速找出学生解题过程中的错误，并给出正确的解题步骤。这样，学生可以立即纠正错误，提高解题能力。

除此之外，ChatGPT 还能针对学生在解题过程中遇到的困难，提供有针对性的提示。例如，对于一个复杂的多步骤问题，ChatGPT 可以逐步引导学生完成每个步骤，确保学生掌握正确的解题方法。这种实时的、个性化的指导对于学生在数学学习过程中的成长是非常有帮助的。

科学领域同样可以从 ChatGPT 的自动批改和反馈功能中受益。对于物理、化学、生物等科学作业，ChatGPT 可以帮助学生理解各种概念、定律和原理，并运用这些知识来解决实际问题。通过自动分析学生的答案，ChatGPT 可以找出概念理解不清、运用不当等方面的错误，并给出相应的解答思路和补充解释。

在实验类科学作业中，ChatGPT 也能发挥重要作用。通过对实验报告的自动批改，它可以检查学生对实验目的、原理、步骤和结果的理解和表达，及时发现并纠正错误。此外，ChatGPT 还能给出关于实验报告撰写的建议，像如何更清晰地阐述实验过程、如何更准确地分析实验结果等，从而提高学生的实验能力和报告撰写水平。

三是同行评审支持。在同行评审的过程中，ChatGPT 能够成为一种有效的辅助工具，帮助学生更加客观、深入地评估他人的作品并提供有建设性的反馈。同行评审是一种在教育领域被广泛运用的方法，它可以让学生从不同角度思考问题，提高批判性思维能力，同时加深对学术内容的理解。

在这一过程中，ChatGPT 可以为学生提供多方面的支持。首先，通过对学术论文、报告或其他作品的自动分析，ChatGPT 可以帮助学生快速识别作品的结构、观点和论证方法。这使得学生能够更加全面地了解他人的作品，提高自己在评估中的准确性和有效性。

学生作品中可能存在一些潜在问题，如逻辑不清、论证不充分、概念混淆等，ChatGPT 可以辅助学生发现这些问题。这样，学生在进行同行评审时，可以更有针对性地提出自己的意见和建议，促使作者对作品进行改进。

此外，ChatGPT 还可以为学生提供关于如何进行有建设性反馈的指导。它可以通过对大量优秀评审实例的学习，为学生提供关于如何表述观点、如何提出建议等方面的帮助。这样，学生在进行同行评审时，不仅能够发现问题，还能提供具体、实际可行的改进措施，从而使评审过程更加高效、有效。

四是在线教育平台。个性化的学习路径是在线教育平台与 ChatGPT 结合的一大优势。每个学生的知识储备、学习能力和兴趣都有所不同，因此，提供定制化的学习内容和策略显得尤为重要。ChatGPT 可以根据学生的实际需求和水平，为他们推荐适当的学习资源、课程和练习题，从而确保他们能够在适合自己的步调下取得进步。

通过与在线教育平台的无缝整合，ChatGPT 还可以促进学生与教师之间的互动。教师可以利用 ChatGPT 监控学生的学习进度和表现，根据需要调整教学方法和策略。同时，学生也可以通过 ChatGPT 向教师提问和反馈，从而获得更为深入的指导。

ChatGPT 还有助于在线教育平台的社群互动。学生可以在讨论区与同伴分享学习经验、解答问题，而 ChatGPT 则可以在这一过程中提供支持，确保讨论的高效进行。这种形式的互动有助于培养学生的团队协作能力和沟通技巧。

7.1.4.3　辅助教学材料制作

首先，ChatGPT 可以帮助教师制作个性化的课程内容。基于学生的年龄、学习水平和兴趣等因素，ChatGPT 可以为教师生成有针对性的教学案例、实例和讲解材料。

假设需要为初中英语课程制定一个教学案例，主题是学习如何用英语描述家庭和家庭成员。以下是一个基于 ChatGPT 生成的教学案例：

（1）教学目标。

①学生能够掌握描述家庭成员的常用词汇和表达方式。

②学生能够用英语介绍自己的家庭和家庭成员。

③学生能够理解并运用简单的形容词来描述家庭成员的外貌和性格特点。

（2）教学内容。

①词汇：father, mother, brother, sister, grandparent, cousin, aunt, uncle 等。

②表达方式：This is my..., I have a..., My... is...

形容词：tall, short, kind, friendly, funny, serious 等。

（3）教学步骤。

①引入话题：教师可通过展示一张家庭照片，引导学生思考和分享自己的家庭成员。

②学习词汇：教师呈现并讲解描述家庭成员的常用词汇，学生跟读并进行记忆练习。

③学习表达方式：教师演示如何用英语介绍家庭成员，引导学生运用所学词汇和表达方式进行口头练习。

④学习形容词：教师呈现并讲解描述家庭成员外貌和性格特点的常用形容词，学生跟读并进行记忆练习。

⑤综合练习：学生分组，每组根据所学词汇、表达方式和形容词，创建一个虚构的家庭，并向全班进行介绍。

（4）课堂活动。

①家庭成员角色扮演：学生可以扮演不同的家庭成员，用英语进行简单的自我介绍和互动。

②家庭树制作：学生可以用英语制作自己的家庭树，并向同伴描述家庭成员之间的关系。

（5）作业与评估。

①作业：要求学生用英语书面介绍自己的家庭，包括家庭成员、关系和个性特点等方面的描述。

②评估：通过学生的口头和书面表达，评估他们在描述家庭和家庭成员方面的掌握程度和运用能力。

7.2　商业领域

7.2.1　客户服务与支持

7.2.1.1　在线客户咨询

ChatGPT 在企业中发挥着重要作用，尤其是在回答客户疑问和满足客户需求方面。通过实时地解答问题、提供产品信息以及处理客户疑虑，ChatGPT 能够让企业在客户服务方面高效运作，从而降低企业在人力资源方面的投入。

此外，当客户提出问题时，ChatGPT 会根据大量的数据进行分析，从而提炼出有针对性的回答。在这个过程中，ChatGPT 不仅能够吸收更多的知识，还能够不断优化自身的回答策略，使其在为客户提供服务时更加精确和专业。ChatGPT 能够识别各种类型的问题，包括常见问题和复杂问题，从而针对不同问题提供合适的解答。随着时间的推移，ChatGPT 可以根据客户的反馈和行为数据进一步优化其回答，使之更加贴近客户的实际需求，提高解决问题的效率。通过这种自我学习和调整机制，ChatGPT 能够在客户服务领域表现出越来越高的准确率和满意度。企业可以借助 ChatGPT 提供更加个性化、高质量的客户服务，从而优化客户体验，增强企业品牌形象和市场竞争力。

另外，通过引入 ChatGPT 这样的智能聊天机器人，企业可以将人力资源从烦琐的客户服务工作中解放出来，使员工可以更加专注于其他高价值任务，如产品研发、市场营销等。这有助于提高企业的整体竞争力，实现可持续发展。

7.2.1.2　自动化客户投诉处理

通过对客户投诉进行分析，ChatGPT 可以实现高效且智能的投诉处理，从而提高企业的服务质量。利用其自然语言处理和深度学习能力，ChatGPT 可以识别投诉内容中的关键信息，从而自动对投诉进行分类。这种分类方式可以包括产品类别、服务质量、物流问题等多种维度，从而针对性地解决问题。

在将投诉分类之后，ChatGPT 可以将投诉信息自动分配给相应的部门或专员。这种智能分配机制可以确保投诉得到及时处理，同时避免了人工处理过程中可能出现的错误。通过减少人力投入，企业可以将资源用于其他关键领域，如产品研发、市场营销等。

在投诉处理过程中，ChatGPT 还可以实时监控处理进度，从而确保投诉得到妥善解决。同时，ChatGPT 可以自动收集客户反馈信息，以便不断优化投诉处理流程。这种自我学习和改进的能力有助于提高企业客户服务的整体水平，降低客户投诉率，提高客户满意度。

值得一提的是，ChatGPT 还可以协助企业挖掘投诉背后的潜在问题。通过对大量投诉数据的深度分析，ChatGPT 可以发现投诉中可能存在的系统性问题，从而帮助企业采取针对性措施进行改进。这种对投诉背后原因的深入挖掘有助于企业从根本上解决问题，提升产品和服务质量。

此外，ChatGPT 在处理投诉的过程中还可以起到协调和沟通的作用。

当投诉涉及多个部门时，ChatGPT 可以将相关信息自动推送给相应人员，并协调他们进行跨部门协作。这种自动化的协作机制有助于提高企业内部沟通效率，确保投诉得到迅速解决。

在应对客户投诉时，企业需要具备快速响应和处理能力。借助 ChatGPT 的智能分析和处理功能，企业可以进行高效的投诉处理，从而节省人力资源和时间成本。与传统的人工处理方式相比，ChatGPT 的应用可以帮助企业提高客户满意度，降低客户流失率，最终实现客户关系的长期稳定。

7.2.1.3　业务常见问题解答

通过对企业产品和服务的常见问题库进行学习，ChatGPT 能够迅速吸收相关知识，从而为客户提供更加精确和专业的回答。这种强大的自学能力可以有效提升企业的客户服务水平，降低客户等待时间，并提高客户满意度。

在处理客户问题的过程中，ChatGPT 首先会对问题进行分析和分类，从而确定最佳的回答策略。这种智能分类机制可以确保针对不同类型的问题提供合适的解答，从而提高回答的准确性。随着时间的推移，ChatGPT 可以根据客户的反馈和行为数据不断优化其回答策略，使之更加贴近客户的实际需求。

除了提供快速准确的回答之外，ChatGPT 还可以通过与客户进行自然、流畅的互动，为客户创造出更加愉快的服务体验。这种人性化的互动方式可以增强客户对企业的信任感，从而提高客户忠诚度。同时，通过与客户进行深入的交流，ChatGPT 可以更好地了解客户的需求和期望，从而为企业提供有关产品和服务改进的宝贵建议。

对于企业而言，客户服务的质量和效率对于其长期发展至关重要。通过运用 ChatGPT 这样的先进技术，企业可以在客户服务方面取得显著的优势。从客户问题的识别和分类到问题回答的优化，ChatGPT 可以为企业提供全方位的支持。这种智能客户服务方式可以帮助企业更好地满足客户需求，实现可持续的经营发展。

值得一提的是，ChatGPT 还可以作为企业内部的知识管理工具，为员工提供实时的支持和咨询。通过对企业知识库的深入学习，ChatGPT 可以为员工提供针对性的解答，从而提高员工的工作效率和工作质量。这种智能支持方式有助于缩短员工学习曲线，减轻他们在日常工作中面临的困难和压力。

7.2.2　市场营销与广告

7.2.2.1　内容创作

ChatGPT 可以帮助企业创建高质量的营销内容，如博客文章、社交媒体帖子、新闻稿等。通过自然语言处理和深度学习技术，ChatGPT 可以理解不同类型的受众需求，并生成符合企业品牌和风格的内容。这种自动生成内容的能力可以大大提高企业的内容生产效率，降低成本。

假设有一家名为"EcoGadget"的初创公司，主要销售一款环保智能插座，可以通过智能手机应用远程控制家庭电器的开关，从而节省能源。EcoGadget 希望利用 ChatGPT 为其产品生成一则引人注目的广告内容。

首先，ChatGPT 会收集有关 EcoGadget 和其智能插座产品的相关信息，包括产品特点、优势、目标受众等。接着，ChatGPT 会分析市场趋势和竞争对手的广告策略，以确定最具吸引力和创意的广告方向。

基于这些信息，ChatGPT 生成了以下广告内容：

标题：节能从此刻开始——体验 EcoGadget 智能插座，让家居生活更绿色！

正文：你是否厌倦了每个月高昂的电费账单，还在为浪费能源而感到内疚？现在，EcoGadget 智能插座带来了全新的节能解决方案！

EcoGadget 智能插座让你可以随时随地通过手机应用控制家中的电器。外出时忘记关闭电器？别担心！只需轻点手机屏幕，你就可以远程关闭家中的电器，节省能源，让你的生活更环保！

此外，EcoGadget 智能插座还提供详细的用电统计数据，让你清楚了解家中每个电器的耗电情况，为你提供更加合理的节能建议。与此同时，定时功能让你可以预设电器的开关时间，从而实现更高效的能源管理。

现在就加入 EcoGadget 的绿色生活大军，为地球和你的钱包作出贡献！在本月底前购买 EcoGadget 智能插座，还可享受 9 折优惠，赶快行动吧！

通过这个例子，我们可以看到 ChatGPT 如何根据企业的需求和产品特点生成有针对性的广告内容。这种自动生成广告的能力可以帮助企业节省时间和成本，提高广告投放的有效性。

7.2.2.2　广告创意

在当前竞争激烈的商业环境中，企业需要不断创新，寻求新的方式来吸引潜在客户。在这方面，ChatGPT 的广告创意生成能力为企业提供了强大的支持。借助其先进的自然语言处理技术和深度学习能力，ChatGPT 能够根据企业的产品特点和目标受众需求，生成具有独特创意和吸引力的广告内容。

在生成广告创意的过程中，ChatGPT 首先会对企业的产品及其市场进行深入了解。这包括分析产品的核心功能、优势、所处行业的竞争态势等。通过这些信息，ChatGPT 可以挖掘出产品与目标受众之间的潜在联系，从而设计出更具针对性的广告策略。

接下来，ChatGPT 会根据目标受众的特点和喜好，为企业生成独特的广告创意。这种创意生成过程涉及对多种因素的综合考虑，如受众年龄、性别、地域、消费习惯等。基于这些因素，ChatGPT 可以为企业量身定制广告语言、视觉元素、推广渠道等方面的策略，从而提高广告投放的有效性。

此外，ChatGPT 在广告创意生成过程中，还会关注市场趋势和竞争对手的动态。通过实时跟踪市场变化，ChatGPT 可以帮助企业快速调整其广告策略，把握市场先机。这种敏锐的市场洞察力使得企业能够在竞争中脱颖而出，吸引更多的潜在客户。

在广告投放过程中，ChatGPT 还具有实时监测广告效果的能力。通过对广告投放数据进行深度分析，ChatGPT 可以评估广告的各项指标，如曝光率、点击率、转化率等。基于这些数据，ChatGPT 可以为企业提供有关广告策略调整的建议，帮助企业实现更高效的广告投放。

同时，ChatGPT 还可以根据用户反馈和市场变化，对广告内容进行实时优化。这种动态调整机制使得企业能够及时应对市场变化，增强广告效果。通过不断迭代和优化广告创意，企业可以在瞬息万变的市场中保持竞争力，实现持续增长。

例如，牙膏企业应用 ChatGPT 生成一个关于牙膏的创意广告：

标题：闪亮微笑的秘密武器——魔法牙膏，让您的笑容璀璨夺目！

正文：想要拥有一口洁白无瑕的牙齿，展现自信迷人的微笑吗？现在，让我们为您揭示一款改变笑容的魔法武器——魔法牙膏！

魔法牙膏采用独特的深层清洁配方，能渗透牙齿表面的污渍，将您的牙齿恢复如初的洁白。忘掉那些复杂的美白疗程，魔法牙膏让您在日常刷牙过程中轻松拥有明亮的笑容！

此外，魔法牙膏还蕴含天然抗菌成分，有效预防口腔问题，如牙龈炎和口臭。从现在开始，您不仅能展示洁白的牙齿，还能散发清新的口气，让您的自信由内而外！

更令人惊喜的是，魔法牙膏还关爱地球！我们的环保包装采用可持续材料制成，致力于减少塑料污染，让您在享受闪亮微笑的同时，也为地球环保出一份力。

为庆祝魔法牙膏的全新上市，现在购买魔法牙膏，您将有机会赢取限量版环保牙刷套装！快到附近的商店或在线商城寻找魔法牙膏，让您的笑容成为闪亮的焦点！

千万别错过这个改变您笑容的绝佳机会，现在就选择魔法牙膏，让您的微笑璀璨如钻石般闪耀！

7.2.2.3　市场调研与分析

市场调研与分析是至关重要的环节，它有助于企业了解市场趋势、消费者需求和竞争态势，从而作出明智的商业决策。在市场调研与分析方面，ChatGPT 主要在以下几个方向发挥作用。

一是消费者行为分析。ChatGPT 可以通过分析大量的用户数据，包括购买记录、在线评论、社交媒体互动等，来挖掘消费者的需求、喜好和行为模式。这些信息对于企业制定产品策略和营销活动至关重要。

二是趋势预测。ChatGPT 具有强大的数据分析能力，可以帮助企业发现和预测市场趋势。通过对历史数据和实时信息的深度挖掘，ChatGPT 能够为企业提供有关市场发展、行业趋势和潜在机会的信息。

三是竞争对手分析。了解竞争对手的战略和动态对于企业保持竞争优势至关重要。ChatGPT 可以帮助企业收集和分析竞争对手的数据，包括产品信息、价格策略、市场份额、营销活动等，从而为企业制定有针对性的竞争策略提供支持。

四是市场细分。ChatGPT 能够帮助企业对市场进行精细化划分，以便更有效地针对不同客户群体进行营销和服务。通过分析消费者特征、需求和行为，ChatGPT 可以为企业提供有关目标市场和潜在客户的信息。

五是调查问卷设计与分析。ChatGPT 可以协助企业设计针对性的市场调查问卷，并根据收集到的数据进行分析。通过对问卷回复的自然语言处理，ChatGPT 能够从中提炼关键信息，为企业提供有价值的见解。

7.2.3　人力资源管理

7.2.3.1　招聘与筛选

ChatGPT 可以帮助企业优化招聘流程，从而更快速地找到合适的人选。它可以根据企业的需求自动生成招聘广告，吸引更多优秀的求职者。此外，通过对求职者简历的自然语言处理，ChatGPT 可以协助筛选出符合要求的候选人，节省人力资源部门的时间和精力。

7.2.3.2　面试辅助

ChatGPT 可以协助企业进行初步的面试。在面试过程中，ChatGPT 利用其自然语言处理能力与求职者进行在线实时交流，从而深入了解求职者的教育背景、工作经历、专业技能以及兴趣爱好等方面的信息。这种在线交流方式不仅节省了企业的时间和人力成本，还为求职者提供了一种更为便捷、低压的面试环境，有助于展示他们的真实实力。

为了更深入地评估求职者的适用性，ChatGPT 还可以根据企业的具体需求和职位要求，向求职者提出一系列针对性的问题。这些问题涵盖了求职者的技能应用、团队协作能力、解决问题的方法和创新思维等内容，有助于企业全面了解求职者在实际工作中的表现潜力。同时，ChatGPT 还可以通过对求职者回答的分析，为企业提供关于求职者沟通能力和思维逻辑的评价。

通过 ChatGPT 的协助，企业可以在初步面试阶段更为准确地筛选出最有潜力的候选人，进一步优化招聘效果。在后续的面试环节，企业可以更加聚焦于与求职者的深入沟通和面对面交流，从而确保最终选拔出的人才符合企业发展需求。

7.2.3.3　员工培训与发展

在企业日常运营过程中，员工可能会遇到各种问题和挑战，需要及时获取相关知识和信息。ChatGPT 可以通过对企业知识库的深入学习，快速了解企业的产品、服务、流程以及政策等方面的内容。当员工遇到问题时，ChatGPT 能够根据其需求提供针对性的解答，从而为员工节省时间，提高工作效率。

此外，ChatGPT 还可以为员工提供个性化的培训方案。通过对员工的技能和知识水平进行评估，ChatGPT 能够为每位员工量身定制适合他们的培训计划，帮助员工在专业技能和职业发展上取得更好的成果。这种个性化培训方式不仅能够满足员工的个人需求，还有助于激发员工的积极性和创造力，从而提高企业竞争力。

ChatGPT 在企业内部知识管理方面的应用，还有助于促进团队之间的沟通与协作。员工可以通过 ChatGPT 分享自己的知识和经验，同时获取其他同事的建议和指导。这种互动式的学习方式有助于打破部门间的信息壁垒，提高团队合作的效率和质量。

7.2.3.4　员工满意度调查

为了设计一份有效的员工满意度调查问卷，ChatGPT 可以根据企业的特点和目标，生成一系列具有针对性和覆盖面广泛的问题。这些问题涵盖了员工福利、工作环境、职业发展、团队合作、管理风格等多个方面，旨在全面了解员工在工作中的感受和需求。

在调查问卷收集回复后，ChatGPT 会利用自然语言处理技术对员工的回答进行深度分析。通过这种分析，ChatGPT 能够从问卷回复中提炼出关键信息和趋势，进而为企业提供有针对性的改进建议。这些建议可能包括优化员工福利制度、改善办公环境、提供更多职业发展机会、加强团队建设活动等方面的内容。

ChatGPT 在分析员工满意度调查问卷方面的应用，有助于企业更加精确地了解员工的实际需求，从而采取有效措施，提升员工的工作满意度。当企业关注并满足员工的需求时，员工的工作积极性和忠诚度将得到提升，从而带动企业整体绩效的提高。

7.2.4 供应链管理与优化

7.2.4.1 需求预测

通过对历史销售数据的深入分析，ChatGPT 可以捕捉到潜在的销售模式和周期性变化，从而为企业提供关于未来销售的有价值的洞察。此外，ChatGPT 还能够根据市场趋势和行业动态，预测市场需求的变化，帮助企业及时调整生产计划和库存策略。

季节性因素对许多行业的需求波动起着关键作用，ChatGPT 通过分析这些因素，能够为企业提供针对性的季节性需求预测。这样，企业就可以提前调整生产和库存计划，以满足不同季节的市场需求。

准确的需求预测使企业能够提前做好库存规划，从而避免产品积压和缺货问题。产品积压会导致库存成本上升，影响企业的资金周转；而缺货问题则可能损害企业的声誉，影响客户满意度。通过 ChatGPT 的智能预测，企业可以合理安排生产和库存，以保持供应链的稳定运行。

7.2.4.2 供应商选择与评估

ChatGPT 在供应链管理中的一个重要应用是帮助企业在众多供应商中筛选出最合适的合作伙伴。为了实现这一目标，ChatGPT 通过对供应商的质量、价格、交货时间等关键指标进行综合分析，为企业提供有关供应商选择和评估的建议。这有助于确保供应链的稳定和高效运行，同时提高企业的竞争力。

首先，ChatGPT 通过对供应商提供的产品和服务质量进行评估，以确保企业与能够满足其质量要求的供应商建立合作关系。这包括了解供应商的生产工艺、质量控制流程、原材料来源等方面的信息。一个高质量的供应商不仅可以提升企业的产品质量，还可以降低质量问题导致的额外成本，减少客户投诉。

其次，ChatGPT 会对供应商的货品价格进行分析，以确保企业与具有竞争力的供应商合作。这涉及对供应商的成本结构、定价策略以及与市场上其他供应商的价格比较进行深入研究。一个具有价格优势的供应商可以帮助企业降低成本，提高利润空间。

此外，交货时间对于供应链的稳定运行至关重要。ChatGPT 通过对供应商的生产能力、交货周期、物流渠道等因素进行分析，以评估供应商的交货时间。一个能够按时交货的供应商可以确保企业的生产和销售计划不受干扰，避免由于缺货或延迟交货导致的客户满意度下降的现象。

在完成对供应商质量、价格和交货时间等方面的综合分析后，ChatGPT 会根据企业的需求和战略目标，为企业提供有关供应商选择和评估的建议。这些建议可以帮助企业在众多供应商中筛选出最合适的合作伙伴，确保供应链的稳定和高效运行。

7.2.4.3　仓储管理优化

在库存管理方面，ChatGPT 可以对企业的库存数据进行实时监控和分析，帮助企业了解库存水平、库存周转率、过期产品等关键指标。通过对这些指标的深入研究，ChatGPT 可以为企业提供有关库存调整、补货计划和淘汰过期产品等方面的建议，从而确保库存管理的合理化和高效化。

在空间利用方面，ChatGPT 能够根据仓库的实际情况，如货架布局、货物尺寸、存储要求等因素，为企业提供有关空间优化的建议。这包括货架分区、货物摆放顺序和存储密度等方面的优化。通过对空间进行合理规划，企业可以提高仓库的存储容量，降低租赁成本，同时提高货物出入库的效率。

在人员调度方面，ChatGPT 可以根据仓储作业的需求和人员的技能进行智能分配。这包括根据订单量、作业类型、员工技能等因素，为企业提供有关人员调度和培训的建议。通过合理的人员分配，企业可以降低劳动力成本，提高员工的工作效率和满意度。

此外，ChatGPT 还可以帮助企业实现仓储安全管理。通过对仓库设施、操作流程、安全隐患等方面的分析，ChatGPT 可以为企业提供有关安全防范措施、风险应对计划和培训需求等方面的建议。这有助于保障仓库作业的安全，避免事故发生，减少潜在的损失。

7.2.4.4　风险管理

在供应链管理过程中，企业可能会遇到诸如供应中断、价格波动、运输延误等多种风险，这些风险会对供应链运营造成一定的影响。ChatGPT 能够帮助企业识别潜在的供应链风险，并为企业提供相应的风险应对策略，降低风险对供应链运营的影响。

在供应链管理中，供应中断是一个常见的问题。这可能是由于供应商生产能力不足、原材料短缺或突发事件（如自然灾害）等原因导致。ChatGPT 可以通过对供应商信息、历史数据和市场动态的分析，提前识别可能出现的供应中断风险，并为企业提供应对策略。这些策略可能包括寻找备选供应商、建立安全库存或采用多元化的供应策略，以确保供应链的稳定运行。

价格波动是另一个供应链管理中不容忽视的风险。物料、原材料或运输成本的波动可能对企业的成本结构产生重大影响。为了应对这种风险，ChatGPT可以通过对历史价格数据、市场趋势和外部因素（如政策变化、汇率波动等）进行分析，预测未来的价格波动，并为企业提供相应的应对策略。这些策略可能包括锁定价格、采用固定价格合同、对冲策略等，以减轻价格波动对企业利润的影响。

运输延误也是供应链管理中常见的风险。这可能是物流公司的运输能力不足、交通堵塞或突发事件（如罢工、恶劣天气等）引起。为了减轻运输延误对供应链运营的影响，ChatGPT可以通过对运输路线、物流商能力和历史运输数据的分析，预测可能出现的运输延误风险，并为企业提供应对策略。这些策略可能包括优化运输路线、与多家物流公司合作、建立应急运输方案等，以确保及时交付产品。

7.2.4.5　供应商关系管理

ChatGPT可以协助企业评估潜在供应商。通过对供应商的质量、价格、交货时间、信誉等方面的数据进行深入分析，ChatGPT能够为企业提供有关供应商选择和评估的建议，以便企业更好地确定与哪些供应商建立合作关系。

ChatGPT可以帮助企业优化现有供应商关系。通过对历史交易数据、合同条款和绩效指标的分析，ChatGPT可以发现供应商关系中的问题和改进机会。这包括优化采购策略、调整付款条款、提高交货速度等方面。基于这些分析结果，企业可以与供应商进行有效沟通，共同寻求改进方案，提升供应链合作水平。

ChatGPT 还可以帮助企业维护良好的供应商关系。通过对供应商的反馈、市场动态和竞争情况的实时监控，ChatGPT 可以为企业提供有关供应商关系管理的实时建议。这些建议可能包括定期评估供应商绩效、解决供应商问题、分享市场信息等。这样，企业可以确保与供应商保持良好的沟通和合作关系，从而确保供应链的长期稳定。

7.2.5 ChatGPT 在商业领域的未来发展

ChatGPT 在商业领域具有广泛的应用前景，未来的发展潜力巨大。随着人工智能技术的不断进步和商业需求的变化，ChatGPT 将在各个商业领域发挥更加重要的作用。

第一，更高级的自然语言理解和生成能力。随着技术的进步，ChatGPT 将具备更高级的自然语言理解和生成能力。这意味着它可以更好地理解用户的需求、意图和情感，从而提供更加个性化和智能的服务。在商业应用中，这将有助于提高客户满意度、增加销售额和优化运营效率。

第二，更广泛的行业应用。ChatGPT 将覆盖更多行业和领域，如金融、医疗、教育、制造等。这将使其在各个领域的商业场景中发挥更大的价值，为企业带来更强的竞争优势。

第三，更深入的数据挖掘和分析能力。随着大数据技术的发展，ChatGPT 将能够更深入地挖掘和分析数据，为企业提供更有价值的见解和建议。这将有助于企业更好地了解市场趋势、客户需求和竞争状况，从而作出更明智的战略决策。

第四，更紧密的人工智能与人类协作。ChatGPT 将与人类员工更紧密地协作，成为企业内部的重要成员。它将协助人类员工完成各种任务，如创意生成、问题解答、数据分析等。这将提高员工的工作效率，减轻工作负担，同时让企业的运行更加灵活和高效。

第五，更强大的自学习和适应能力。ChatGPT 将具备更强大的自学习和适应能力，使其能够更快地学习新知识、掌握新技能，以适应不断变化的商业环境。这将使 ChatGPT 成为一个更加强大、灵活和具有竞争力的商业助手。

第六，更严格的数据安全和隐私保护。随着数据安全和隐私保护意识的提高，ChatGPT 将在这方面作出更多努力。通过采用先进的加密技术和严格的数据管理策略，ChatGPT 将确保企业和用户数据的安全性和隐私性得到充分保障。

7.3 娱乐领域

7.3.1 游戏

ChatGPT 是一种人工智能技术，它可以在娱乐领域中创造各种有趣的游戏。在游戏开发中，情节和对话是非常重要的部分，可以让玩家沉浸在游戏世界中，并且能够提供更好的游戏体验。ChatGPT 可以用于自动生成游戏中的对话和情节，从而为玩家提供更加逼真的游戏体验。

比如，在文字冒险游戏中，ChatGPT 可以用于生成与游戏中的角色交互的对话。这些对话可以是各种类型，包括提示玩家下一步的方向、揭示角色的背景和情感、提供谜题的答案等。通过 ChatGPT 的生成，游戏开发者可以提供更具挑战性和趣味性的游戏体验，从而吸引更多的玩家。

ChatGPT 还可以根据玩家的选择和行为作出反应。在文字冒险游戏中，玩家的每个选择和行动都会影响游戏情节的发展方向和结局。ChatGPT 可以根据玩家的选择和行为生成新的对话和情节，从而为游戏增加互动性和变化性。这样，玩家可以体验到更加真实和个性化的游戏体验。

另外，在虚拟角色扮演游戏中，玩家需要扮演不同的角色，完成各种任务和挑战。ChatGPT 可以用于生成这些任务和情节，以及与玩家互动。例如，ChatGPT 可以生成 NPC（非玩家角色）的对话和行为，从而使玩家获得更丰富的游戏体验。ChatGPT 还可以根据玩家的选择和行为调整游戏情节和任务，从而使玩家获得更加个性化的游戏体验。

7.3.2　影视和音乐

7.3.2.1　电影创作

电影剧本是电影创作的灵魂，直接影响着电影的情节、角色和表现手法。对于电影创作者而言，使用 ChatGPT 生成电影剧本可以省去创作中的一些烦琐过程，提高创作效率。此外，由于 ChatGPT 是一种基于机器学习的技术，它可以学习和模仿大量的电影情节和角色，因此，可以生成质量更高的电影剧本。

观众反馈和评论是衡量电影质量和受欢迎程度的重要指标。电影创作者可以通过观众反馈和评论了解观众对电影剧本的评价和反应，从而改进电影剧本，提高电影的质量和受欢迎程度。ChatGPT 是一种可以用于根据观众反馈和评论改进电影剧本的人工智能技术。

ChatGPT 可以根据观众反馈和评论来分析电影剧本的优缺点，从而提供改进方案。例如，如果观众反映电影剧本的情节单调，缺乏惊喜和转折，ChatGPT 可以通过自动生成新的情节和剧情，提供更加吸引人的情节和剧情，以满足观众的需求和期待。同时，ChatGPT 还可以根据观众反馈和评论，分析角色表现、配乐、画面等因素，为电影剧本提供改进建议，从而提高电影的吸引力和影响力。

通过利用 ChatGPT 技术改进电影剧本，电影创作者可以更好地满足观众的需求和期待，提高电影的质量和受欢迎程度。此外，通过自动化的改进过程，电影创作者可以更快地得到观众反馈和意见，更快地对电影剧本进行改进和调整，从而提高创作效率。

不过，需要注意的是，观众反馈和评论只是改进电影剧本的一个方面。电影创作者仍需要保持创造力和创新性，通过自己的思考和想象力来创作更好的电影剧本。ChatGPT 应该被视为一种辅助工具，帮助电影创作者更好地理解观众需求和期待，提供改进方案，并不应该取代电影创作者的创作过程。

7.3.2.2　剧情改进

ChatGPT 在影视领域中的一项重要应用是剧情改进。电影和电视剧的剧情是影视作品中最重要的元素之一，它直接决定了影视作品的质量和受欢迎程度。在剧情改进方面，ChatGPT 可以通过生成新的情节、人物和对话来改进影视作品的剧情。它可以根据影视作品的现有情节和人物，自动生成新的情节和人物，并且可以根据指定的主题和风格，生成符合要求的新剧情。例如，如果观众反映影视作品的情节单调、缺乏惊喜和转折，ChatGPT 可以自动生成新的情节和人物，为影视作品提供更加吸引人的剧情。

除了生成新的情节和人物外，ChatGPT 还可以根据观众反馈和评论来改进影视作品的对话和表现手法。例如，如果观众认为影视作品的对话枯燥无味、缺乏幽默感，ChatGPT 可以自动生成新的对话，为影视作品增加趣味性和幽默感。同时，ChatGPT 还可以根据影视作品的表现手法，自动生成新的表现方式，提高影视作品的视觉效果和感染力。

7.3.2.3　角色创作

在角色创作方面，ChatGPT 可以根据影视作品的主题和背景，自动生成符合要求的角色。例如，如果影视作品的主题是科幻，ChatGPT 可以自动生成具有科技感和未来感的角色；如果影视作品的时间背景是古代，ChatGPT 可以自动生成具有古代特色和文化底蕴的角色。

ChatGPT 还可以为影视作品提供更加立体和丰富的角色。它可以自动生成角色的背景、性格、行为方式、语言特点等，为影视作品提供更加立体和吸引人的角色。例如，如果影视作品中的某个角色形象不够鲜明、缺乏深度，ChatGPT 可以自动生成该角色的背景、性格和行为方式，从而为该角色提供更加立体和丰富的形象。

7.3.2.4　音乐创作

音乐作为一种艺术形式，是人们日常娱乐生活中不可或缺的一部分。ChatGPT 可以在音乐领域中发挥重要的作用，具体来说，ChatGPT

可以应用于生成音乐曲调和歌词，并通过改进音乐作品来提高音乐的质量和受欢迎程度。

首先，ChatGPT 可以根据指定的音乐风格和主题，自动生成符合要求的曲调和歌词。例如，如果需要一首浪漫的流行歌曲，ChatGPT 可以根据指定的主题和风格，自动生成符合要求的曲调和歌词。此外，ChatGPT 还可以从已有的音乐作品中生成新的音乐，从而为音乐创作者提供更多的灵感和创意。

除了生成新的曲调和歌词外，ChatGPT 还可以根据歌曲的流行程度和受欢迎程度来改进音乐作品，提高音乐的质量和影响力。例如，ChatGPT 可以根据歌曲的流行程度和受欢迎程度，分析歌曲的优缺点，提供改进方案。如果观众认为歌曲的歌词单调、缺乏想象力，ChatGPT 可以自动生成更加富有想象力的歌词，提高歌曲的吸引力和影响力。

通过利用 ChatGPT 技术生成音乐作品，并通过改进提高音乐作品的质量和受欢迎程度，音乐创作者可以更好地满足听众的需求和期待，提高音乐作品的质量和受欢迎程度。此外，通过自动化的创作过程，音乐创作者可以更快地得到符合要求的曲调和歌词，更快地进行音乐创作。

7.3.3 模拟

ChatGPT 在娱乐领域中还可以应用于模拟，包括虚拟角色扮演游戏、城市规划、人物行为模拟等。ChatGPT 可以自动生成虚拟角色的行为和对话，模拟城市规划和发展，模拟人物的心理和行为，为玩家提供更加真实和有趣的模拟体验。

7.3.3.1　虚拟角色扮演游戏

ChatGPT 可以自动生成虚拟角色的行为和对话，为玩家带来更加真实和有趣的游戏体验。例如，在探险游戏中，ChatGPT 可以自动生成角色的对话，包括任务指引、背景故事等，让玩家更好地理解游戏世界和任务目标。

同时，ChatGPT 还可以自动生成虚拟角色的行为，例如，虚拟角色在探索中的动作、反应和表情等，让玩家更加投入游戏体验中。除此之外，ChatGPT 还可以根据玩家的选择和行为作出反应，从而增加游戏的互动性和变化性。例如，ChatGPT 可以根据玩家的选择和行为生成不同的任务和剧情，从而为游戏增加更多的可能性和选择，让玩家更加沉浸到游戏体验中。

7.3.3.2　城市规划

城市规划者可以通过指定城市的面积、人口、经济状况等要素，让 ChatGPT 自动生成符合要求的城市规划和发展方案。例如，ChatGPT 可以根据人口数量和密度，自动生成符合要求的道路布局、建筑物分布和公共设施等，使城市的交通和基础设施更加完善。同时，ChatGPT 还可以根据经济状况和发展需求，自动生成符合要求的产业布局、区域分布和城市形态等，提高城市的经济效益和生活品质。

城市规划者也可以根据 ChatGPT 生成的城市规划方案进行调整，以满足实际情况和需求。例如，城市规划者可以根据城市的人口、地理环境和城市历史等要素进行调整，以确保城市规划方案符合城市的实际需求和特点。

通过城市规划者的反馈和调整，ChatGPT可以不断改进城市规划方案，提高城市规划的效率和质量。此外，城市规划者还可以通过不断调整和优化城市规划方案，提高城市规划的可行性和可持续性，从而更好地推动城市的发展和改善居民生活。

城市规划是一个复杂而长期的过程，需要城市规划者对城市的需求和发展进行全面的思考和研究。因此，ChatGPT应该作为一种辅助工具使用，而不是取代城市规划者的创作。城市规划者应该始终关注城市的实际需求和发展，通过自己的思考和判断，对ChatGPT生成的城市规划方案进行评估和调整，以确保城市规划方案的可行性和可持续性。

7.3.3.3　人物行为模拟

人类行为和心理是心理学研究的重要领域之一，为了更好地理解和模拟人类行为和心理，ChatGPT可以应用于人物行为模拟中，根据人物的特点和环境，自动生成人物的行为和心理，为人物行为模拟者提供更加真实和准确的模拟体验。

在一款心理学模拟游戏中，ChatGPT可以自动生成不同人物的行为和心理，使玩家更加深入地了解人类行为和心理。例如，ChatGPT可以自动生成符合人物性格、性别、年龄、文化背景和教育程度等要素的行为和心理，从而使人物更加真实和具有代表性。同时，ChatGPT还可以根据不同的环境和情境，自动生成人物的行为和反应，如在不同的社交场合中、不同的工作环境中等，从而更加贴近现实的情境。

通过ChatGPT自动生成人物行为和心理，可以为心理学模拟游戏玩家提供更加真实和准确的模拟体验。玩家可以通过探索和互动，更好地了解人类行为和心理，从而更好地理解和解决自己和他人的心理问题。

7.3.4　艺术

7.3.4.1　绘画和设计

结合图像生成模型，如 GANs（生成对抗网络）或者 DALLE 系列模型，ChatGPT 可以在绘画和设计领域发挥重要作用。用户只需通过文字描述他们想要的画面，模型即可将这些描述转换为相应的图像。这种技术在视觉艺术领域具有广泛的应用前景，为设计师和艺术家提供了创新和高效的创作方式。

一是插画创作。通过 ChatGPT 和图像生成模型，艺术家可以轻松地根据故事情节或场景描述生成插图。这为插画师带来了全新的创作灵感，使他们能够更快速地完成作品。

假设有一个插画师受到了一个儿童故事书项目的委托，他需要为这本书中的一个场景创建一幅插图。场景描述如下："在一个阳光明媚的下午，小熊和他的朋友小兔子正在森林里的一片草地上野餐。它们周围环绕着鲜花和蝴蝶，正在享受美味的三明治和果汁。"

为了借助 ChatGPT 和图像生成模型进行插画创作，插画师可以将场景描述输入模型中：

"创建一幅插画，描绘一个阳光明媚的下午，小熊和小兔子正坐在森林中的草地上野餐。它们周围有鲜花和蝴蝶飞舞，还有摆放着三明治和果汁的野餐篮子。画面中的小熊和小兔子看上去非常开心，彼此享受着友谊和阳光。"

在收到输入后，模型会生成一幅与描述相符的插画。插画师可以查看生成的图片，对其进行修改和优化，以更好地符合故事书的风格和需求。这样，插画师不仅能更快速地完成插画创作，还能从中获取新颖的构图和细节灵感。

二是视觉传达。

首先，ChatGPT 可以用于图像描述和标注。通过分析图像的视觉内容，ChatGPT 能够生成精确的描述，以帮助用户理解图像中的主要元素和事件。这种功能对于视觉障碍人士尤为有益，因为它可以将视觉内容转化为易于理解的文本描述，为他们提供更加直观的图像感知。此外，这一功能还能为网站、电子书籍和其他数字媒体提供图像标注和描述，提高内容的可访问性，优化搜索引擎效果。

其次，ChatGPT 可以实现图像和视频的自动分析，协助专家和研究人员在医疗、气象、地理等领域进行更为深入的研究。例如，在医学影像诊断方面，ChatGPT 可以辅助医生分析 X 光片、MRI 等影像数据，以准确地识别病变和异常。在气象预报领域，该模型可以分析卫星图像，预测天气系统和气候变化趋势。这种自动分析能力有助于提高研究和诊断的准确性、降低错误率，同时节省大量时间和资源。

在艺术创作方面，ChatGPT 也发挥着重要作用。利用其深度学习和生成能力，ChatGPT 可以协助艺术家创作独特的视觉作品，如绘画、摄影、电影等。此外，该模型还可以为设计师提供灵感和建议，协助完成各类平面设计、网页设计等任务。

三是创意探索。结合 ChatGPT 和图像生成模型，艺术家和设计师可以在短时间内探索大量的创意方案，打破传统的创作模式，完成更高效、更具创新性的艺术设计。这一结合可以帮助他们尝试不同的风格、技巧和元素组合，从而找到最符合他们创意愿景的设计方案。

传统的艺术创作过程往往耗时较长，且需要不断尝试和修正。利用 ChatGPT 和图像生成模型，艺术家和设计师可以快速生成多种设计草图，迅速过滤出不合适的方案，进一步优化和完善满意的设计。这大大缩短了从构思到成品的周期，提高了创作效率。

在面对创作难题时，艺术家和设计师可能会陷入思维定式，难以跳出固有的思维模式。ChatGPT 和图像生成模型可以快速提供大量不同风格和元素的组合方案，触发新的灵感火花，激发创作热情。

7.3.4.2　艺术评论和分析

一是自动生成艺术评论。ChatGPT 需要分析作品的视觉元素，包括色彩、线条、形状、构图、光影等。在了解艺术作品的视觉元素之后，ChatGPT 要进一步探究作品的背景信息。这包括艺术家的创作背景、作品的创作时间、所属流派、社会历史背景等。接下来，ChatGPT 会分析作品的主题，包括表现主题、情感表达、象征意义等。同时，也会分析艺术家在作品中运用的技巧，如画法、色彩运用、空间处理等。基于以上分析，ChatGPT 会生成一篇关于艺术作品的评论草稿。这篇草稿通常包括对作品视觉元素的描述、背景信息的阐述、主题和技巧的分析等方面的内容。

在生成过程中，ChatGPT 会确保评论具有逻辑性、连贯性和专业性。生成初稿后，ChatGPT 会对评论进行优化和完善。这包括对语言表达进行润色，确保评论内容准确、易于理解；对论述结构进行调整，使其更具逻辑性；以及对评论中的观点进行进一步深化，以提高评论的独创性和价值。

二是对比分析。ChatGPT 在对多个艺术作品进行对比分析时，具有独特的优势，能够有效地挖掘作品之间的相似之处和差异。这种对比分析对于揭示作品背后的创作动机、艺术家的风格演变和技巧探索具有重要意义。通过对比分析，用户可以更好地把握艺术家的创作轨迹和艺术发展趋势。以下是对比分析的具体过程。

第一，选择对比作品：首先，需要选择若干个具有一定关联性的艺术作品。这些关联性可以是相同的艺术家、相近的创作时间、类似的主题或相近的艺术流派等。

第二，提取视觉特征：在选择好对比作品后，需要对每件作品的视觉特征进行提取，包括色彩、线条、形状、构图、光影等。这些视觉特征有助于分析作品之间的形式差异，以及艺术家在不同作品中的技巧运用。

第三，分析主题和内容：对于每件作品，分析其主题和内容，包括表现主题、情感表达、象征意义等，帮助人们理解作品之间的主题联系，以及艺术家在不同作品中所关注的核心问题。

第四，对比分析：在对每件作品的视觉特征、主题和内容进行分析后，对比分析各个方面的相似之处和差异。在这个过程中，可以挖掘作品之间的形式和内容联系，揭示艺术家在不同作品中的创作动机和意图。

第五，分析风格演变和技巧探索：通过对比分析，可以发现艺术家在不同作品中的风格演变和技巧探索。这包括画法、色彩运用、空间处理等方面的变化。

第六，总结和评价：最后，对比分析的结果进行总结和评价。这包括对作品之间的相似之处和差异进行归纳概括，对艺术家的风格演变和技巧探索进行评价，以及对艺术家的创作轨迹和艺术发展趋势进行分析。

三是提供作品解读建议。在提供解读建议时，ChatGPT会首先对作品进行全面的分析，包括视觉元素、主题、技巧和背景信息。通过这些分析，ChatGPT 能够挖掘出作品的核心内涵和独特之处，为后续的解读提供基础。

接下来，ChatGPT 会根据作品的具体情况，为用户推荐适合的解读角度。这些角度可能包括艺术史、社会学、心理学、哲学等不同的学科领域。这些跨学科的视角可以帮助用户打破传统的思维框架，从不同的角度审视艺术作品。

此外，ChatGPT 还会根据作品的特点，为用户推荐适当的理论框架。这些理论框架可能涉及形式主义、结构主义、后结构主义、女性主义等多种理论流派。这些理论框架可以为用户提供新的解读工具，帮助他们更深入地理解艺术作品的内涵和意义。

在为用户提供解读建议的过程中，ChatGPT 还会关注作品的历史背景、艺术家的创作动机以及作品在艺术史上的地位和影响。这些信息可以帮助用户更好地把作品置于一个更广泛的背景之中，从而加深对作品的理解。

通过提供独特的解读角度和方法建议，ChatGPT 可以激发用户的思考和探索，促使他们从多种视角和理论框架来解读艺术作品。这样的解读过程不仅可以丰富用户的艺术体验和理解，还有助于拓展他们的知识视野，提高审美能力。与此同时，这种多元化的解读方式也可以为艺术评论和研究领域提供新的启示，推动艺术领域的创新和发展。

7.3.4.3　艺术品推广

借助对艺术市场及个人审美喜好的精准分析，ChatGPT 得以为策展人、画廊和艺术家发掘具备发展潜力的作品以及潜在受众。它能协同推出高效的艺术推广策略，从而进一步壮大艺术作品的影响力。

在分析艺术市场方面，ChatGPT为策展人和画廊提供关于各类艺术作品的受欢迎程度、价格变化和潜在市场价值等信息。通过对这些信息的研究，ChatGPT可以预判哪些作品在市场上具备投资价值，使艺术行业从业者能够更加明智地作出决策。

在分析个人品位方面，ChatGPT可通过用户数据和行为模式来洞察观众的兴趣和喜好。借此分析结果，策展人和画廊能更准确地锁定目标受众，并为他们推荐更贴近品位的艺术作品。这不仅能提升观众的艺术体验，还有助于提高艺术品的销售潜能。

除此之外，ChatGPT还能协同制定出有效的艺术推广策略。基于市场分析和个人品位分析的结果，它可为策展人、画廊和艺术家提供切实可行的推广建议，例如，筹办针对特定主题的展览、组织艺术沙龙活动或与知名艺术家展开合作等。这些推广策略能吸引更多观众关注艺术作品，进而扩大作品的影响力。例如，举办一场以"走进雕塑"为主体的展览，利用ChatGPT可以得到以下推广策略。

一是确定目标受众：首先要明确展览的目标受众，如艺术爱好者、雕塑家、学生等。这有助于为后续的推广策略定向定位。

二是精选展品：策划展览时，要确保展品具有广泛吸引力，包括不同风格、材质和主题的雕塑作品。可以邀请知名雕塑家参展，同时为新晋艺术家提供展示机会。

三是设计吸引人的海报和宣传材料：为展览设计一套独具特色的宣传视觉材料，包括海报、传单和社交媒体素材。在设计中，要强调"走进雕塑"的主题，以吸引目标受众。

四是社交媒体和网络推广：利用社交媒体平台发布展览信息，邀请网友转发和参与互动。还可以创建一个活动官网，提供详细的展览信息、艺术家介绍和作品欣赏。

合作伙伴：寻求与当地的艺术机构、学校、企业等合作伙伴，共同推广展览。例如，可以与艺术院校举办讲座或研讨会，邀请雕塑家分享创作经历和心得。

媒体合作：联系当地的报纸、电视台、广播和网络媒体，发布新闻稿和专题报道，提高展览的知名度。

举办互动活动：在展览现场设置互动区域，如雕塑体验工作坊、艺术家见面会等，让观众更深入地了解雕塑艺术。

线上线下相结合的观展体验：提供线上虚拟展厅，让观众在家就能欣赏展品。同时，线下展览现场可设置 AR 技术，让观众通过手机或平板电脑与作品互动，增强观展体验。

开幕式和闭幕式：举办隆重的开幕式，邀请艺术家、媒体和合作伙伴出席，为展览营造良好氛围。在展览结束时，举办闭幕式并颁发奖项，表彰优秀的艺术家和作品，为展览画上圆满的句号。

营销合作：与相关作品推出联名产品或定制礼品，如限量版纪念品、主题衍生品等。这些合作可以增加展览的曝光度，同时为参观者提供独特的纪念品。

优惠政策：为吸引更多观众，可以推出优惠政策，如学生票、团体票折扣等。此外，可以与相关机构合作，为会员提供优惠或使会员免费参观。

定期更新活动信息：在展览期间，定期在社交媒体和活动官网上发布最新动态，如现场照片、活动预告和观众反馈，保持与观众的互动和关注度。

观众反馈：设立专门的反馈渠道，邀请参观者分享他们的观展体验。这些反馈可以帮助主办方了解展览的优点和不足，为下一次筹办展览提供宝贵的建议。

7.3.4.4　虚拟艺术展览

结合虚拟现实技术，ChatGPT 可以为用户提供丰富的艺术展览体验，将传统的艺术展览提升至一个新的层次。通过生成虚拟展览馆，观众得以在任何时间、任何地点欣赏精美的艺术作品。同时，ChatGPT 还可提供个性化的导览服务，使观众在浏览作品的过程中获得更多的信息和知识。

虚拟展览馆的构建源于对实体展览场景的精确还原。借助虚拟现实技术，ChatGPT 能够根据现实中的艺术馆布局和场地条件生成高度逼真的三维模型。在模型中，观众可自由漫步，欣赏各种艺术品。此外，为满足不同观众的需求，ChatGPT 还能根据用户喜好设计定制化的虚拟展览，以展示特定主题或风格的作品。

除了高度逼真的视觉效果，虚拟展览馆还配备了个性化的导览服务。在欣赏艺术作品时，观众可以与 ChatGPT 进行实时互动。通过语音指令或文字输入，观众可向 ChatGPT 提问，获取关于作品的详细信息，如作者、创作背景和技巧等。ChatGPT 还能根据观众的问题，提供更深入的解读和分析，帮助观众全面理解作品的内涵和价值。

个性化导览服务的另一个特点是，它能根据观众的兴趣推荐相关作品。当观众对某一作品产生浓厚兴趣时，ChatGPT 会分析用户的喜好，推荐具有相似风格或主题的其他作品。这种推荐方式不仅能丰富观众的艺术体验，还有助于拓展他们的艺术视野。

虚拟展览馆还具有高度的互动性。观众可以在虚拟空间中参与各种艺术活动，如工作坊、讲座和研讨会。这些活动有助于观众与艺术家、策展人和其他观众互动，分享见解和体验。同时，这种互动方式为艺术教育和传播提供了新的可能。

7.4　政府和公共服务领域

7.4.1　在线问答服务

ChatGPT 可用于创建智能问答系统，从而在政府和公共服务领域实现更高效的沟通。通过利用先进的自然语言处理技术，ChatGPT 能够理解并回答公众关于政府政策、法律法规、税收、福利以及许可证等方面的问题。这种智能问答系统的应用可以大大提高政府与民众的互动效率，节省人力资源，缩短等待时间，降低处理成本。

智能问答系统可以进行持续学习和优化，以适应不断变化的政策和法规。这意味着，随着时间的推移，系统将更好地理解并回答各种问题，从而为公众提供更准确和及时的信息。

通过将 ChatGPT 集成到政府网站、社交媒体平台或移动应用程序中，公众可以随时随地获得关键信息，无需等待客服热线或其他人工服务。这种便捷性有助于提高公众满意度，并提高政府与民众之间的信任度。

此外，智能问答系统还可以为政府提供关于公众关切的宝贵数据。这些数据可以帮助政府更好地了解民意、识别公众的需求和期望，从而制定更加贴合实际的政策和服务。通过收集和分析用户提问的趋势和模式，智能问答系统能够揭示公众对于特定政策、法规和服务的关注点、疑虑和痛点。

借助这些分析结果，政府部门可以对现有政策和服务进行优化调整，确保它们更符合公众的需求。同时，政府可以利用这些信息来预测未来的需求和趋势，从而更好地规划资源分配和政策制定。此外，这种反馈循环也有助于政府及时发现并解决潜在的问题，减轻负面影响，提高公共服务的质量。

智能问答系统的应用能够促进政府与民众之间更加紧密和有效的合作。当政府能够快速、准确地回应公众关切时，民众会对政府产生更高的信任感。这种信任感有助于提高公众对政策和服务的接受度，使得政府的工作更加顺畅。此外，政府部门可以借助智能问答系统，主动向公众征求意见和建议，增加民众参与政策制定的机会，从而形成一个更加民主、开放的决策环境。

7.4.2 文件审查与生成

ChatGPT 在文件审查与生成方面具有广泛的应用前景。以下是一些具体示例。

7.4.2.1 草案和报告生成

ChatGPT 能够根据提供的关键词、主题和大纲，自动生成各类文档，如草案、报告和新闻稿等。这种智能文本生成能力使得工作人员可以更加专注于关键任务和战略性决策，而无需花费大量时间在初步撰写和编辑工作上。

借助 ChatGPT 生成文档的过程包括以下几个步骤。

第一，确定关键词和主题：用户需要提供关键词和主题，以便 ChatGPT 了解所需文档的核心内容。这些关键词和主题可以是具体的词汇、概念、问题或需求。

第二，设定大纲和结构：用户可以为 ChatGPT 提供一个大纲或文档结构，以确保生成的文档符合特定的格式和组织要求。这有助于让最终文档更加系统、清晰。

第三，文档生成：在获取关键词、主题和大纲后，ChatGPT 将开始自动生成文档。期间，它会运用先进的自然语言处理技术，合理地组织句子和段落，确保内容连贯且富有逻辑性。

第四，人工审查和修改：虽然 ChatGPT 可以生成高质量的文本，但仍需要人工进行审查和修改。用户需要检查生成的文档，以确保内容准确、符合实际需求，并进行必要的调整。

例如，给 ChatGPT 输入主题"知法守法"，并给出关键词"意义、方法、案例和影响"，要求 ChatGPT 生成一个相关的草案，可以得到如下结果。

知法守法：意义、方法、案例与影响

摘要：本文旨在探讨知法守法的意义、方法、案例和影响。知法守法是维护个人权益、促进社会公平正义和保障社会稳定的重要行为。通过学习法律法规、增强法律意识以及借助专业人士建议，我们可以更好地遵守法律。同时，通过分析实践案例和评估其对个人和社会的影响，我们可以更加深刻地理解知法守法的重要性。

引言

在法治社会中，知法守法对于个人和社会的发展具有重要意义。本文将分析知法守法的意义、方法、实践案例及其在个人和社会中的影响，以增强人们对法治精神的认识和尊重。

1. 知法守法的意义

个人层面：知法守法有助于维护个人权益、避免触犯法律、提高道德素质。

社会层面：知法守法有助于促进社会公平正义、维护社会稳定、减少法律纠纷。

2. 知法守法的方法

学习法律法规：关注国家法律法规的修订和更新，学习与个人生活密切相关的法律法规。

增强法律意识：树立法治观念，重视合法权益的保护。

借助专业人士建议：在解决法律问题时，寻求律师、法律顾问等专业人士的帮助。

3. 知法守法的实践案例

个人行为规范：遵守交通规则、尊重他人权益、诚信经营。

企业社会责任：合法经营、环保生产、公平竞争。

社区治理：遵守社区规章制度、维护公共秩序、参与社区自治。

4. 知法守法在个人和社会中的影响

个人成长：提高道德修养、增强法律意识、成为社会公民的典范。

社会进步：减少法律纠纷、提高公民素质、推动法治文明建设。

结论

知法守法在个人和社会层面具有深远的影响。通过了解知法守法的意义、方法、案例及其对个人和社会的影响，我们可以更好地认识到法治精神对社会发展的重要性。知法守法不仅能够保护个人权益，避免触犯法律，还有助于提高个人道德素质和公民意识。此外，知法守法有助于维护社会稳定，促进公平正义，减少法律纠纷，推动社会进步。

为了实现知法守法，我们需要关注法律法规的更新，增强法律意识，以及在需要时寻求专业人士的帮助。通过不断地学习和实践，使自己成为遵纪守法的社会公民，为构建和谐法治社会作出贡献。

7.4.2.2　文档审查

在政策文件、法规草案、合同等重要文件的编写过程中，ChatGPT可以通过学习大量的法律、政策和合同文档，理解各类文件中的语境、逻辑和用词，从而辅助用户编写符合规范的内容。另外，ChatGPT可以识别文档中的逻辑关系和结构，确保内容连贯、条理清晰。在审查过程中，如果发现逻辑关系不清或有矛盾之处，它会提出相应的修改建议，以提高内容的准确性。在处理类似文件时，它可以参考其他类似文档的结构和内容，与当前文档进行比对，确保编写的文件具有完整性和一致性。通过对文档进行全面审查，它可以帮助识别潜在的错误和遗漏，从而确保文档质量得到提高。

此外，ChatGPT还具备强大的语言处理能力，可以检查文档中的语法错误、拼写错误和格式问题。这种能力不仅提高了文档的准确性，还使得文档更具可读性和专业性。这对于政策制定者、律师和其他专业人士来说非常重要，因为高质量的文档有助于确保信息传递的准确性和有效性，避免可能因误导或误解而导致的法律纠纷和其他问题。

7.4.2.3　文档摘要

在为长篇文档生成摘要时，ChatGPT首先会对文档进行深度分析，识别其中的重要概念、观点和论据。接下来，它会根据这些信息，以简洁明了的方式呈现文档的核心内容。在这个过程中，ChatGPT 会努力保留原文的意义和语境，确保摘要的准确性和可读性。

此外，ChatGPT 还可以根据用户的需求和偏好，为摘要提供不同的精度和长度。这使得用户可以根据自己的阅读速度和需求选择合适的摘要，进一步提高阅读效率。

7.4.2.4 个性化内容生成

基于用户的特定需求和兴趣，ChatGPT 可以生成个性化的文件和内容，如个人简历、计划书、项目提案等。

在个人简历方面，ChatGPT 可以根据用户的教育背景、工作经历和技能特长生成一份有针对性的简历。通过对用户信息的整合和优化，ChatGPT 可以突显用户的优势，提高求职成功率。

在计划书编写方面，ChatGPT 可以针对用户的具体项目和目标，生成详细的计划书。它会分析项目的背景、需求、预期结果和实施步骤，以确保计划书内容充分且具有说服力。这对于企业家和项目经理来说，将大大提高项目成功的可能性。

在项目提案方面，ChatGPT 可以根据用户的创意和需求生成高质量的项目提案。它会充分展示项目的潜力、市场前景和竞争优势，使得提案更具吸引力。这无疑有助于用户在竞争激烈的市场中脱颖而出，获得投资和支持。

7.4.3　预测与决策支持

7.4.3.1　大数据和机器学习技术帮助政府部门提高政策制定的准确性

在政策分析过程中，ChatGPT 可以根据政府部门的需求，对不同领域的政策数据进行全面评估。例如，在教育、卫生、经济发展等领域，机器学习算法可以从海量数据中识别出影响政策效果的关键变量，这些变量可能包括资金投入、人力资源、地区差异等多个方面。这种深度分析有助于政府部门了解不同政策措施的实际效果，找出需要改进的地方，从而为未来政策制定提供有力支持。

此外，机器学习算法还可以识别出历史数据中的潜在规律和趋势，帮助政府部门预测未来社会发展的可能走向。这种预测能力在诸多领域具有重要价值。例如，在经济领域，预测分析可以揭示市场变化和行业趋势，从而帮助政府及时调整产业政策，以适应市场变化；在环境保护领域，预测分析可以揭示环境污染和气候变化的趋势，从而帮助政府及时采取措施，保护生态环境。

基于这些预测，政府部门可以制定更加具有针对性和有效的政策措施，以应对可能出现的挑战和问题。例如，在预测未来劳动力市场需求时，政府可以根据预测结果制定有针对性的职业培训计划，以提高劳动力素质和就业率；在预测未来城市发展趋势时，政府可以根据预测结果进行合理的城市规划，以满足未来居民的生活需求。

7.4.3.2　ChatGPT 帮助政府部门更好地识别和预测风险

在公共安全、金融监管、环境保护等领域，对潜在风险的及时发现和预警至关重要。

在公共安全领域，ChatGPT可以帮助政府部门分析犯罪数据、交通事故数据和自然灾害数据等，从而识别出安全隐患和风险因素。这种分析可以帮助政府更好地了解各类安全事件的发生规律和成因，提前部署防范措施，减少事故发生的可能性。此外，通过对实时数据的监测和分析，ChatGPT还可以实时发现安全事件的苗头，及时向相关部门发出预警，减轻事件的负面影响。

在金融监管领域，ChatGPT可以协助政府监管机构对金融市场的交易数据、企业财务报告和宏观经济数据等进行深入分析。这有助于发现市场异常波动、信贷风险和潜在的金融危机等风险信号。根据这些分析结果，政府部门可以更加精准地采取监管措施，确保金融市场的稳定和健康发展。此外，ChatGPT还可以帮助监管机构实时监测市场动态，提高对金融犯罪和违规行为的查处能力。

在环境保护领域，ChatGPT可以为政府部门提供关于空气质量、水资源状况、生态系统变化等方面的数据分析和预测。这将有助于政府部门了解环境问题的严重程度和发展趋势，制定针对性的环保政策和措施。同时，通过对企业排放数据、污染源分布等信息的监测和分析，ChatGPT可以帮助环保部门发现违法排污行为，及时采取执法行动，减少环境污染。

7.4.3.3　ChatGPT帮助政府部门优化资源分配

通过对历史数据的挖掘和分析，ChatGPT可以帮助政府深入了解不同项目的实际效果。例如，对于教育、医疗、基础设施等项目，ChatGPT可以分析它们在改善民生、促进经济发展和提高公共服务质量等方面的贡献。这些分析结果可以作为政府在资源分配时的重要参考依据，从而确保有限的资源能够投入更具价值和效果的项目中。

ChatGPT 通过对民意调查数据、社交媒体评论和新闻报道等多种信息来源的分析，可以捕捉到公众对不同政策和项目的需求和期望。这将有助于政府在资源分配时更加贴近民意，优先解决民生问题，提高政策的满意度和公众支持度。

此外，ChatGPT 还可以分析资源利用率，为政府提供有关项目运行效率和资源配置合理性的评估。在项目实施过程中，可能存在资源浪费、管理不善等问题。通过对这些问题的分析和诊断，ChatGPT 可以为政府提供改进建议，帮助政府提高资源利用效率，降低项目成本。

7.4.3.4　ChatGPT 为政府部门提供民意监测和分析

在当前信息化社会中，公众对政府政策和社会问题的关注和讨论日益活跃。因此，运用大数据和机器学习技术，如 ChatGPT，来捕捉民意变化、分析公众诉求，对于政府部门而言具有重要意义。

这些分析结果可以帮助政府部门更加敏锐地捕捉民意变化。通过对大量网络言论的分析，ChatGPT 能够提炼出公众普遍关注的问题和热点，以及公众对这些问题的看法和态度。这将使政府能够快速了解民意，及时调整政策和措施以满足公众需求。这种敏锐度对于政府在突发事件、社会危机等紧急情况下作出及时且符合民意的决策尤为重要。

通过对公众对政策的评价和意见的分析，ChatGPT 可以为政府提供关于政策实施过程中的问题和不足之处的信息。这将有助于政府在政策实施过程中发现问题，进行改进，以优化政策执行的效果。此外，这些反馈也可以为政府评估政策效果、优化政策制定提供有益参考。

同时，通过主动了解和回应民意，政府部门可以展示其关注民生、尊重民意的态度，从而获取公众对政府的信任和支持。这对于构建和谐社会、维护社会稳定具有重要意义。

在网络舆论中，虚假信息和谣言往往会导致公众舆论的扭曲，甚至引发社会恐慌。通过对网络言论的分析，ChatGPT 可以辅助政府部门及时发现和辨别虚假信息，采取措施澄清和纠正，维护网络舆论秩序。这将有助于减轻虚假信息对社会和政府形象的负面影响，保障公共信息传播的准确性和公信力。

7.4.4　应急响应与危机管理

7.4.4.1　预警与预测

一是预警。在预警方面，ChatGPT 可以通过对大量的文本数据进行分析，识别出有关突发事件的线索和迹象，并自动生成预警信息。例如，当社交媒体上出现大量关于某个地区可能发生自然灾害或社会事件的消息时，ChatGPT 可以在很短的时间内分析大量的文本信息，并自动产生有关突发事件的预警信息。这比人工分析速度更快、更准确。此外，ChatGPT 可以自动化生成多语种的预警信息，以便更广泛地应用。

当然，ChatGPT 也存在一些限制。一方面，ChatGPT 依赖于大量的数据进行分析和学习，因此，在数据质量、数据覆盖范围等方面存在着局限性。另一方面，ChatGPT 对于复杂的信息和语义理解仍有一定的局限性。因此，在预警系统中应用 ChatGPT 时，需要进行针对性的数据采集和训练，以提高 ChatGPT 的预测准确度。

二是预测。在预测方面，ChatGPT 可以利用自然语言处理技术，对历史数据进行分析，并根据模式识别和数据挖掘的技术来预测未来的事件。例如，在政府预测某个地区未来可能发生的社会事件时，ChatGPT 可以分析该地区的历史数据，包括社会和经济方面的数据，如人口增长、就业率、经济增长等。然后，ChatGPT 可以识别出与未来可能发生的事件相关的模式和趋势，并根据这些模式和趋势进行预测。如果 ChatGPT 发现该地区的经济增长率在过去几年中一直保持在一个较高的水平，并且人口增长率也在提高，ChatGPT 可以预测该地区的未来发展前景乐观，同时也可能会有更多的社会事件发生，如犯罪率的增加、社会动荡等。

除了历史数据外，ChatGPT 还可以结合当前事件和趋势进行预测。例如，在分析某个地区未来可能发生的社会事件时，ChatGPT 可以考虑当前的经济状况、政治形势、气候变化等因素，从而更准确地预测未来可能出现的事件和趋势。

7.4.4.2　信息发布与公共沟通

一方面，ChatGPT 可以帮助应急部门和媒体提高信息发布和传播的效率和准确度。例如，在自然灾害事件发生时，ChatGPT 可以自动地分析灾害的性质和范围，生成相关的灾害信息，包括灾害类型、发生时间、地点、受灾人数、救援措施等。这些信息可以在应急部门和媒体发布时被利用。ChatGPT 还可以通过自然语言处理技术，分析大量的文本数据，识别与危机事件相关的信息和线索，并自动生成相应的信息和指南，从而提高信息发布的准确度和可靠性。

另一方面，ChatGPT 还可以与公众进行实时互动，回答公众的问题和提供帮助。例如，在大型公共危机事件中，ChatGPT 可以通过自然语言理解技术分析公众的问题和反馈，快速生成回复和解决方案。这可以减轻应急部门和媒体的工作压力，提高公众的满意度。

7.4.4.3 事后评估与总结

公共危机事件结束后，对事故的评估和总结是非常重要的，可以为未来的应急响应和危机管理提供重要的借鉴和经验。ChatGPT 作为一款自然语言处理的 AI 模型，在公共危机事后评估和总结中也有着重要的作用。

一方面，ChatGPT 可以通过自然语言处理技术对大量的相关文本数据进行分析和处理，以快速梳理公共危机事件的相关信息和数据。例如，在自然灾害事件中，ChatGPT 可以通过分析相关的新闻报道、社交媒体、政府公告等信息源，收集灾害事件的详细信息，如事件的起因、时间、地点、受灾人数、灾害类型等。这些信息可以作为公共危机事后评估和总结的重要依据。

另一方面，ChatGPT 可以通过对大量的相关文本数据进行分析和处理，帮助评估公共危机事件应急响应和危机管理的效果。例如，在自然灾害事件中，ChatGPT 可以通过分析灾害事件的应急响应和危机管理措施，评估其针对性和有效性，分析其中的优点和不足之处，并提出改进措施。这可以帮助未来的应急响应和危机管理更加高效和有效。

ChatGPT 还可以通过自然语言处理技术，帮助公众更好地理解公共危机事件的影响和应对措施。例如，在自然灾害事件中，ChatGPT 可以通过生成灾害事件的详细信息和应对措施的指南，帮助公众更好地理解灾害事件的影响和应对措施的实施情况，提高公众的风险意识和应对能力。

7.4.5　公共安全与治安

7.4.5.1　预测犯罪

第一，ChatGPT 可以通过大规模数据集的训练，学习犯罪事件和其他相关因素之间的关系。例如，通过分析过去的数据，它可以发现某些地区、时间段和天气条件下犯罪率的提高或降低的规律，以及社会和经济因素与犯罪率之间的相关性。这些分析可以为预测未来的犯罪事件提供依据。

第二，ChatGPT 可以使用预测模型来分析未来的犯罪趋势。通过使用实时数据，如天气预报、社会事件和经济指标，ChatGPT 可以预测未来可能出现的犯罪活动，并将这些信息提供给执法机构。这些预测信息可以帮助警方更好地了解犯罪事件的可能发生时间和地点，以便采取预防措施。

第三，ChatGPT 还可以使用大量的数据来帮助执法机构发现新的犯罪模式和趋势。通过分析过去的数据，ChatGPT 可以识别新的犯罪模式和趋势，并将这些信息提供给警方和执法机构。这可以帮助执法机构更好地应对新型犯罪活动。

第四，ChatGPT 还可以用于预测特定类型的犯罪事件。例如，它可以预测哪些地区和时间段可能出现暴力事件、恐怖袭击、经济犯罪等特定类型的犯罪活动。这些信息可以帮助执法机构采取特定的措施来预防和打击这些犯罪事件。

7.4.5.2　个人身份验证

随着恐怖主义、金融欺诈和其他安全问题的增加，身份验证已成为治安和公共安全的一个重要问题。ChatGPT 的个人身份验证技术可以为公共安全和治安领域提供以下几个方面的帮助：

一是加强机场安全。ChatGPT 的面部识别技术可以用于机场的安全检查，帮助识别不安全分子和可疑人员。机场是公共场所中最易受恐怖袭击的场所之一，ChatGPT 的个人身份验证技术可以帮助确保只有安全的人员进入机场。

二是提高银行安全性。ChatGPT 的语音识别技术可以用于银行的身份验证，确保只有授权用户可以访问自己的银行账户。这可以帮助银行减少金融欺诈和其他安全问题的风险，提高银行的安全性。

三是加强公共交通安全。ChatGPT 的人脸识别技术可以应用于公共交通系统中，识别不安全分子和可疑人员，从而保障乘客的安全。这种技术可以用于识别不良分子或者犯罪嫌疑人，以及其他危险人物，以便采取必要的安全措施。

四是改进智能城市的安全。ChatGPT 的个人身份验证技术可以应用于智能城市的安全控制，保障公共场所的安全。例如，它可以用于图书馆、博物馆、公园等公共场所的访问控制，以确保只有授权用户可以访问。

7.4.5.3　犯罪信息分析

ChatGPT 在分析犯罪信息时主要包括四个方面。

一是情报分析。ChatGPT 可以对大量的犯罪信息进行语义分析，从而发现隐藏在犯罪信息背后的意图和关联。例如，它可以通过分析犯罪组织成员之间的通信信息，发现他们的活动地点、目的和计划。这种情报分析可以帮助警方更好地了解犯罪组织的结构和运作方式。

二是联结分析。ChatGPT 可以将不同来源的犯罪信息进行关联，从而发现犯罪嫌疑人之间的联系和关联。例如，它可以将来自不同案件的信息进行匹配，发现犯罪嫌疑人的模式和行动轨迹。这种联结分析可以帮助警方更好地理解犯罪嫌疑人之间的关系和活动。

三是犯罪趋势分析。ChatGPT 可以通过分析犯罪数据和其他相关信息，来预测未来可能发生的犯罪趋势。例如，它可以分析过去的犯罪事件和犯罪组织的行动方式，预测未来可能出现的犯罪活动。这种趋势分析可以帮助警方在事先采取措施以防止犯罪事件的发生。

四是情报共享。ChatGPT 可以通过对犯罪信息的分析和处理，将相关情报信息提供给其他执法机构。例如，它可以将情报信息共享给其他警方机构或情报机构，以便他们更好地了解犯罪组织的情况和活动。

7.4.6　城市规划与管理

7.4.6.1　城市规划分析

在城市人口分析方面，ChatGPT 可以分析城市的人口数据，包括人口数量、人口密度、人口年龄分布情况、族裔分布情况等。在城市土地利用分析方面，可以分析城市的土地利用情况，包括用地类型、用地面积、用地分布等。在城市交通方面，可以分析城市的交通数据，包括交通流量、交通拥堵情况、交通事故率等。在城市经济分析方面，可以分析城市的经济数据，包括 GDP、就业率、收入水平等。在城市环境分析方面，可以分析城市的环境数据，包括空气质量、水质状况、噪声污染等。

通过对以上这些数据的分析，城市规划师可以更好地了解城市的发展情况，以便制定更好的城市规划方案，提高城市的发展效率、可持续性和居住质量。

7.4.6.2　城市交通管理

ChatGPT 可以根据历史交通数据和实时交通状况，预测未来交通流量，帮助城市交通管理者合理规划道路交通流量，避免交通拥堵和堵车。可以根据交通流量和实时路况，为车辆和行人提供最佳的路线规划方案。可以分析实时交通数据，预测交通拥堵状况，然后调整交通信号灯的周期和配时。可以帮助城市交通管理者优化公共交通系统，如确定最佳的公交车站位置和线路，合理规划公交车运营时间和间隔，提高公共交通服务质量和效率。分析交通事故数据和交通安全状况，找出交通安全隐患和问题，并提供改进建议，以提高城市交通安全水平。

7.4.6.3　城市智能化管理

垃圾分类和垃圾桶管理是城市管理中的重要环节。通过城市数据的分析，ChatGPT 可以了解垃圾产生和垃圾处理的情况，从而实现智能化的垃圾分类和垃圾桶管理。例如，ChatGPT 可以利用机器视觉技术，实现自动化的垃圾分类，将可回收物、厨余垃圾和其他垃圾自动分类，降低人力成本和处理成本。同时，ChatGPT 还可以实现垃圾桶的智能监测，了解垃圾桶的填充情况，及时进行清理和更换，提高垃圾处理的效率和环保水平。

除了交通和垃圾管理，ChatGPT 还可以实现智能化的城市管理在其他方面的应用。例如，可以利用城市数据，实现智能化的公共服务管理，如自动化的医疗服务预约、智能客服、自动化的公共设施维护等。同时，也可以利用城市数据和智能化技术，实现城市的安全管理，如自动化的监控和预警、智能化的应急响应等。

第8章

ChatGPT的局限与挑战

8.1　缺乏常识与知识更新不及时问题

8.1.1　缺乏常识

尽管 ChatGPT 在很多情况下可以提供有用的信息和建议，但它仍然可能在一些常识性问题上表现不佳，主要表现在三个方面，如图 8-1 所示。

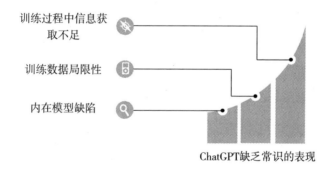

图 8-1　ChatGPT 缺乏常识的表现

8.1.1.1　训练过程中信息获取不足

ChatGPT 缺乏常识与知识更新的问题之一是训练过程中信息获取不足。由于模型是基于大量文本数据进行训练的，它需要从这些数据中提取相关信息以理解和回答各种问题。然而，在某些情况下，训练数据可能没有包含足够的信息来形成特定的常识，从而导致模型在回答这类问题时出现困难。

以下是一些导致训练过程中信息获取不足的原因。

一是数据稀缺。对于某些领域或主题，训练数据中可能缺乏足够的相关信息。这种情况通常发生在涉及小众领域、特定文化背景或不太为人知的主题时。由于这些问题在整个训练数据集中所占比例较低，模型在训练过程中可能难以接触到足够数量的相关示例。因此，如果某个常识性问题在训练数据中的相关信息稀缺，模型将很难理解并准确回答这类问题。

二是数据质量。高质量的训练数据是确保模型能够有效理解和解决各种问题的基础。然而，在实际应用中，训练数据可能受到多种质量问题的影响，如包含错误、过时或具有误导性的信息。这些信息可能导致模型无法获取正确的知识，从而影响其在回答常识性问题时的表现。

训练数据中的错误信息可能源于数据收集过程中的失误、原始文本中的笔误或其他因素。当模型从这些错误信息中学习时，它可能会吸收错误的知识并在回答常识性问题时产生错误的答案。

随着时间的推移，一些信息可能变得过时，不再适用于当前的情况。然而，如果这些过时信息仍然包含在训练数据中，模型可能会学习到不适用于现实的知识，导致在回答与当前事实相关的问题时出现错误。

另外，由于训练数据中可能存在多个版本的答案或观点，模型可能在学习过程中难以确定哪个答案是正确的。这可能导致模型在回答相似问题时产生不一致的答案。

三是上下文理解。在训练过程中，模型需要从文本数据中捕捉和理解语境，以便更好地回答用户的问题。语境对于理解问题的真实意图和找到合适答案非常关键。然而，在某些情况下，语境难以捕捉，这种难以捕捉语境的问题可能源于文本数据本身的模糊性、多义性或复杂性。例如，一些词汇可能具有多个含义，而模型在训练过程中可能难以准确判断这些词汇在特定情境中的确切含义。此外，某些问题可能涉及具有相似表述但不同实际意义的概念，这使得模型难以区分这些概念并为其提供准确的回答。

另一方面，这种问题也可能源于模型本身的局限性。尽管模型在处理许多类型的问题时表现出色，但在捕捉某些微妙语境、隐含意义或复杂关系方面仍然存在挑战。这可能导致模型在回答需要深入理解语境的问题时表现不佳。

8.1.1.2　训练数据局限性

一是数据来源的不确定性。由于模型依赖大量文本数据进行训练，它需要从这些数据中提取相关信息以理解和回答各种问题。然而，训练数据的来源可能是多样的，包括网络文章、论文、新闻报道、社交媒体等。这些来源中的信息质量可能参差不齐，从而影响模型对常识的理解和应用。

以下是数据来源不确定性对模型常识理解的影响：

第一，信息准确性。由于训练数据来源多样，模型在学习过程中可能会接触到各种不准确、过时或具有误导性的信息。这些数据来源包括网络文章、论文、新闻报道、社交媒体等，它们的信息质量可能参差不齐。当模型从这些数据中学习时，它很可能会吸收错误的知识或观点。这将导致模型在回答常识性问题时产生错误或不一致的答案。

这种情况可能会对用户产生负面影响，因为他们在向模型寻求建议或信息时可能会得到错误的答案。此外，这种不准确性还可能削弱用户对 AI 系统的信任，从而影响其在实际应用中的推广和普及。

第二，偏见和刻板印象。训练数据中可能包含一些偏见或刻板印象，这些错误观念在模型学习过程中很可能被吸收。由于模型依赖大量文本数据进行训练，而这些数据来源于网络文章、论文、新闻报道和社交媒体等多样化的渠道，因此，难以避免地会包含某些社会和文化偏见。当模型从这些数据中学习时，它可能无法区分正确观念和错误观念，从而导致在回答涉及敏感主题或需要中立判断的问题时表现出偏见。

用户在向模型寻求建议或信息时可能会受到这些偏见的影响。例如，在涉及性别、种族、宗教或政治等敏感问题时，模型可能无法提供公正、中立的答案。这不仅可能导致用户对模型的答案产生怀疑，还可能引发社会争议，甚至对某些用户造成伤害。

第三，过度依赖流行观点。模型可能会过度关注数据来源中的主流观点和普遍看法。然而，这些流行观点并不总是准确或全面的，有时候甚至可能具有误导性。在某些情况下，这种过度依赖流行观点可能导致模型在回答涉及多元观点或少数群体的问题时表现不佳。

过度依赖流行观点可能会使模型在处理不同领域和主题的问题时产生偏见。这种偏见表现为对主流观点过分重视，而忽略或轻视其他可能同样重要或合理的观点。这对于那些需要多元视角来更好地理解和解决的问题尤为不利。例如，在探讨政治、社会、文化和科学等方面的议题时，只关注流行观点可能会导致对问题的片面理解，从而影响模型给出的建议或答案的质量。

二是数据不均衡性。训练数据中的信息可能存在不平衡的情况，即某些领域、主题或观点的信息比其他领域、主题或观点更为常见。数据不均衡性可能会导致模型在处理某些特定领域和主题的问题时表现不佳。如果某个领域或主题在训练数据中的相关信息稀缺，模型将很难理解并准确回答这类问题。此外，数据不均衡性还可能导致模型对某些观点或看法过分敏感，从而在回答涉及这些观点或看法的问题时产生偏见。

此外，数据不均衡性还可能导致模型在处理边缘化群体或少数群体的问题时表现不佳。例如，对于涉及某些特定文化的问题，模型可能无法提供充分的、准确的信息和建议，从而影响用户体验和满意度。

8.1.1.3　内在模型缺陷

一是编码－解码偏差。编码－解码偏差是指模型在处理输入信息和生成输出回答时可能出现的误差。这种误差通常源于模型内部的表示和生成过程。具体来说，编码器负责将输入文本转换为高维向量表示，解码器则根据这些向量生成输出文本。在这一过程中，模型可能会丢失或误解输入信息，从而导致生成的回答不准确或不相关。

这种偏差可能表现为以下几种情况：

第一，模型可能无法完全理解输入的问题，导致生成的回答与问题背景或语境不符。

第二，模型可能会生成过于简化或过于复杂的回答，不符合用户期望或问题的实际需求。

第三，模型可能会产生一些难以理解或歧义的回答，给用户带来困扰。

第四，模型可能会重复生成类似的回答，而忽略其他可能同样重要或有价值的信息。

二是表面特征依赖。表面特征依赖是指模型在处理输入数据时过于关注字面表达和句子结构，而不是深入挖掘文本中的实际含义和关联。这可能导致以下情况：

第一，模型可能生成看似合乎语法和结构的回答，但实际上与输入问题的语义和背景不符。

第二，模型可能会陷入一些表面特征的困扰，如重复短语、关键词或句子结构，导致输出的回答质量下降。

第三，模型可能无法准确捕捉输入问题中的隐含信息和复杂关系，从而导致生成的回答不准确或不相关。

第四，模型可能在回答需要深入理解和分析的问题时表现不佳，如解决复杂的逻辑问题或推理任务。

8.1.2　知识更新不及时问题

8.1.2.1　新领域知识

随着新的领域和主题不断涌现，模型需要不断地更新和扩展其知识库。例如，新的科技创新、新兴产业或新的社会议题等。然而，当前的训练方法和数据更新周期可能无法及时满足这些需求。这主要归因于以下几个方面的挑战：

一是数据收集与处理。由于新兴领域和主题尚未得到广泛的关注和研究，相关信息可能散布在多种不同的来源中，如学术论文、博客文章、专家报告、社交媒体和论坛等。这意味着研究者和开发者需要投入大量的精力去寻找、筛选和整合这些信息。他们需要深入了解这些新兴领域，以便识别哪些数据对于模型的训练和知识库的更新是重要的。

此外，收集和整合这些分散数据的过程中，研究者和开发者还需要应对数据质量问题。新兴领域的数据质量可能参差不齐，部分信息可能过时、错误或具有误导性。因此，在整合这些数据之前，他们需要对数据进行清洗和验证，以确保模型能够从中学习到有价值和准确的知识。

二是计算资源需求。模型知识库在不断扩展，训练过程所需的计算资源也会相应增加。这是因为要学习更多领域的知识，模型需要处理更大的数据集并执行更复杂的计算任务。随着计算任务的增加，训练过程将变得越来越耗时，从而导致训练成本上升。

训练成本的上升可能会限制知识更新的速度和频率。由于高昂的计算成本，研究者和开发者可能会选择延长训练间隔，这将影响模型在新兴领域和主题上的实时性和准确性。为了降低训练成本，研究者和开发者可能会寻求在计算资源和知识更新之间找到平衡点，但这可能导致模型在某些领域的知识覆盖不足。

此外，对于一些小型团队或个人研究者来说，有限的计算资源可能成为知识更新的瓶颈。由于资金和设备限制，这些团队或个人可能无法承担大规模模型训练所需的高昂成本。这可能导致他们在模型知识库更新方面处于劣势，无法充分利用模型的潜力。

有限的计算资源还可能影响模型的优化过程。为了提高模型在新兴领域和主题上的表现，研究者和开发者需要不断调整模型的架构和参数。然而，由于计算资源的限制，他们可能无法进行大量的实验和迭代，从而弱化了优化效果。

三是模型训练和优化。在更新和扩展模型知识库时，可能需要调整和优化模型的架构和参数。这是一个复杂且耗时的过程，因为每个领域和任务可能需要不同的优化策略。要实现知识库的有效更新，研究人员需要在保持模型泛化性能的同时，确保模型在新兴领域和任务上表现优秀。

大量的实验和迭代是调整和优化模型的关键环节。研究人员需要尝试不同的架构和参数配置，以找到最适合处理新领域和任务的模型设置。这可能包括改变模型的层数、神经元数量、激活函数等。通过这些实验和迭代，研究人员可以逐步优化模型，使其在新领域和任务上表现更好。

然而，在调整和优化模型的过程中，可能会出现一些副作用。优化模型以适应新领域和任务可能会影响其在其他领域和任务上的性能。这是因为模型在学习新知识时，可能会出现过拟合现象，即模型在训练数据上表现优异，但在未知数据上表现不佳。因此，在优化模型时，研究人员需要权衡模型在新领域和任务上的性能与其在其他领域和任务上的泛化性能。

四是长尾问题。由于训练数据中这类主题的信息稀缺，模型可能难以捕捉到这些主题的关键特征和规律。这不仅限制了模型在这些领域的应用范围，还可能使得模型在回答这类问题时给出错误或不完整的答案。这种现象对于那些希望利用 AI 解决特定领域问题的用户和研究者来说，无疑是一个巨大的挑战。

要解决这个问题，研究者和开发者需要花费更多的精力去收集、整合和分析这些非主流或特定领域的数据。这可能需要他们深入了解这些领域的知识体系和特点，以便找到与之相关的高质量数据来源。同时，他们需要对这些数据进行精细化的处理和分析，以便从中挖掘出有价值的信息和规律。

　　然而，收集和整合这些非主流或特定领域数据的过程中，研究者和开发者可能面临一些挑战。首先，这些数据可能散布在各种不同的渠道，难以一一搜集。其次，由于这些领域的知识体系和特点可能与主流领域有很大不同，研究者和开发者可能需要更多的时间和精力去使模型理解和适应这些领域的知识结构。最后，这些领域的数据质量可能参差不齐，部分信息可能过时、错误或具有误导性，需要进行仔细的筛选和验证。

8.1.2.2　实时事件

　　一是无法及时获取和学习最新信息。由于模型的训练数据截止于某一时间点，ChatGPT 无法自动更新以获取实时的信息。这意味着对于正在发生或刚刚发生的新闻、事件、科技发展、趋势以及最新天气状况等，模型可能无法提供准确和及时的回答。例如，要求 ChatGPT 回答一下此刻的天气，它将无法回答，如图 8-2 所示。

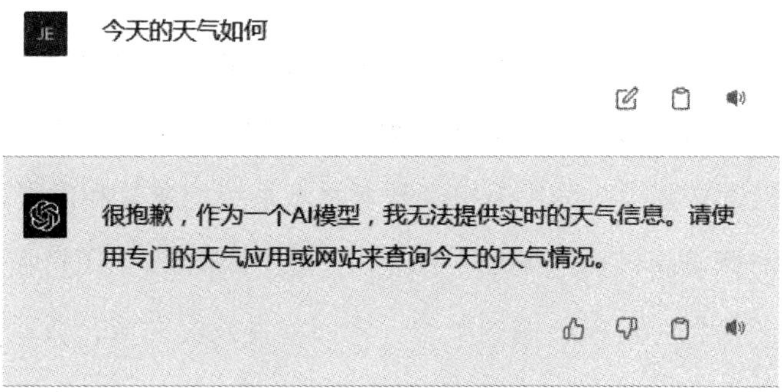

今天的天气如何

很抱歉，作为一个AI模型，我无法提供实时的天气信息。请使用专门的天气应用或网站来查询今天的天气情况。

图 8-2　ChatGPT 的局限性

　　二是针对实时事件表现受限。用户在询问与当前热点事件或最新科技发展相关的问题时，可能会得到过时、不准确或不相关的答案。这对于依赖 AI 技术来获取最新信息的用户来说是一个显著的不足。这种不足可能会对用户的决策产生负面影响，特别是在需要及时获取关键信息以便作出明智决策的场景中，如投资、商务谈判、教育研究等。

此外，这种局限性可能会影响用户对 AI 技术的信任度。当用户发现 AI 模型在处理实时事件方面的表现不佳时，他们可能会开始质疑模型在其他方面的可靠性。这可能会限制 AI 技术在各个领域的应用和发展，特别是在那些对准确性和时效性要求较高的场景中。

对于企业和组织而言，这种局限性可能导致效率低下和资源浪费。由于 AI 技术无法提供关于实时事件的准确信息，员工可能需要花费更多的时间和精力来核实和筛选信息。这不仅降低了工作效率，还可能导致在关键决策过程中出现错误。

在新闻和媒体领域，这一局限性尤为突出。随着新闻报道和评论越来越多地依赖于 AI 技术，准确性和时效性的问题可能会导致误导性的报道和观点。这可能对公众舆论产生负面影响，甚至可能导致错误的政策制定和舆论引导。

针对教育领域，由于 AI 技术在处理实时事件方面的局限性，学生和教师可能无法及时了解到最新的研究进展和学术动态。这会影响他们的学习和教学效果，进而影响整个教育生态系统的质量和发展。

三是时间敏感性问题处理不佳。由于这一局限性，用户在获取关于实时事件的信息时可能会遇到困难。例如，在投资领域，获取准确的股市行情对于投资者来说至关重要。然而，由于 ChatGPT 处理实时事件的能力有限，投资者可能需要寻求其他信息来源以获取关键数据，以降低投资风险。

在政治选举方面，选民可能对选举结果和政策动态有很高的关注度。然而，由于模型在处理时间敏感性问题方面的不足，选民可能会收到过时或不准确的信息，从而影响他们对政治形势的理解和判断。

在法律法规方面，法律法规可能会随着社会需求的变化而进行调整。用户可能会询问有关最新的法律法规，如税收政策、移民法规等。然而，ChatGPT 可能无法提供最新的法律法规信息，从而影响用户的决策和判断。

8.2　长文本生成的困难

8.2.1　保持内容连贯性

在长文本生成过程中，确保文本内容在整个篇幅中保持连贯性是一个挑战。随着生成文本的长度增加，模型可能在表达上变得冗长、重复或离题，导致阅读体验感下降。这种现象在很大程度上可以归因于模型在处理长篇幅文本时的局限性。具体表现为以下几方面：

8.2.1.1　记忆问题

由于模型需要在整个文本中跟踪大量信息，如角色、事件和概念等，因此，在生成过程中可能会出现信息丢失或混淆的情况。这可能导致文本中出现不连贯的叙述。

8.2.1.2 重复性问题

模型在处理文本时，可能会对某些短语或句子过度生成，从而导致文本中出现大量重复的内容。这不仅会降低文本的原创性，还会影响读者的阅读体验。

8.2.1.3 保持写作风格一致问题

由于模型在训练过程中接触到大量不同风格的文本，因此，在生成长文本时可能会出现风格不一致的问题，导致生成的文本在语言风格和表达方式上显得不协调。

8.2.1.4 主题转换问题

模型需要在文本中保持恰当的主题转换，以确保整体叙述的连贯性。然而，模型可能会在不合适的地方引入新主题或过早地转换到其他主题，导致文本的结构和组织变得混乱。

8.2.2 逻辑一致性

通常情况下，生成的文本内容是基于之前生成的内容进行的，这种生成方式被称为自回归生成。这种生成方式有一个明显的缺点，就是它并不能考虑到全局的上下文信息。而全局上下文信息是判断文本是否一致和逻辑是否正确的重要依据。

由于这种限制，模型在生成文本时可能会出现一些矛盾的信息，或者在不同的段落之间出现逻辑错误。比如，模型在前面的段落中提到某个人物有一个狗，而后面的段落中又说他没有宠物。这种矛盾的信息会降低文本的可读性和可信度，从而影响自然语言生成的效果。

此外，由于模型的缺陷或者误差，模型也可能会出现逻辑错误。例如，模型可能会在描述一个事件时，将时间顺序弄反，或者在描述两个事件的关系时出现错误。这些错误也会导致文本的不一致性和逻辑不正确，进而影响生成文本的质量和可信度。

8.2.3　细节处理

在长文本生成中，模型需要在多个细节之间建立清晰的联系。处理这些细节并将它们整合成一个完整的故事或论述可能对模型构成挑战，特别是在涉及多个复杂概念或实体时。ChatGPT 在此方面仍旧存在一定的缺陷，主要集中在以下几点：

8.2.3.1　歧义性和多义性的处理

在长文本生成过程中，歧义性和多义性处理是一个十分重要的问题。在 ChatGPT 的文本生成过程中，模型会遇到一些单词和短语存在多种含义的情况，而模型需要能够根据上下文对这些单词和短语进行正确的理解和应用。目前，ChatGPT 在处理这种问题时还存在一定的局限性，需要更好的语义理解技术和上下文推理机制，以解决多义性和歧义性问题。

8.2.3.2　文本的流畅度和自然度

在长文本生成过程中，保持文本的流畅度和自然度也是一个重要的问题。当前 ChatGPT 生成的文本在语言流畅度和自然度方面还存在一些问题，可能导致生成的文本不够自然，让读者难以理解。为了解决这个问题，ChatGPT 需要更好的语言模型和自然语言生成技术，从而输出更加自然和流畅的文本。

8.2.4　保持文本结构

在自然语言生成中，文本的结构是非常重要的，它可以帮助读者更好地理解文本内容，将复杂的信息组织成易于理解的形式。文本结构也可以帮助模型在生成文本时更好地全面考虑文本的连贯性和一致性，从而输出更加自然和流畅的文本。

然而，在实际应用中，ChatGPT 只考虑前面的文本内容，而没有考虑文本的整体结构。这是因为 ChatGPT 并没有专门的机制来处理文本结构，而只是将文本视为一个线性序列。这种方式的缺陷在于，线性序列并不能很好地反映文本的整体结构。一个长文本通常包含多个段落、章节或者主题，这些结构可以帮助读者更好地理解文本内容。但是在 ChatGPT 生成文本时，它并没有考虑这些结构，而只是将整个文本视为一个线性序列。这可能会导致生成的文本在组织和呈现上显得混乱和无序，不符合读者的阅读习惯。

8.2.5　处理多个主题和概念

处理多个主题和概念时，ChatGPT 可能会在文本中生成不一致或不连贯的内容。这种情况可能源于模型在训练过程中接触到的大量信息和知识，导致在生成长文本时难以集中关注于特定主题。此外，由于模型在生成过程中可能会失去对先前生成内容的记忆，这也可能导致文本内容的不一致性和不连贯性。

当文本不连贯时，读者可能会感到困惑，无法确定模型想要传达的信息。这种不连贯性可能表现为主题间跳跃、突然改变观点、信息混乱等形式。此外，当文本中的概念和主题相互矛盾时，长文本的逻辑性也会受到影响。例如，文章可能在一个部分中提到一种观点，而在另一个部分中却持相反观点，使得读者难以理解文章的实际立场。

8.2.6　生成过程中的创造性和原创性

在长文本生成中，保持创造性和原创性是一个挑战。由于训练数据的局限性，模型可能会过度依赖已有的文本信息，导致生成的长文本缺乏新颖性和独特性。这种现象源于几个方面的原因。

第一，训练数据的覆盖面和质量是影响模型生成创意文本的关键因素。尽管训练数据集包含大量来源丰富的文本数据，但这些数据在某种程度上数量仍然有限。因此，当模型在处理某个特定主题或概念时，它很可能会倾向于重复或模仿已学到的信息和结构，而不是创造全新的内容。这就导致了生成的长文本在创造力和原创性方面的不足。

第二，由于大部分训练数据来源于已发布的文献、文章和网络内容，这些信息往往倾向于传统观点和学界普遍认可的知识。因此，模型可能缺乏处理边缘领域、新兴技术或尚未被广泛接受的观点的能力。这使得生成的长文本在一定程度上缺乏前瞻性和创新性。

第三，作为一个基于数据驱动的生成模型，ChatGPT 的创造性受到其训练数据的制约。在学习过程中，模型吸收了大量的文本数据，这使得它在生成文本时会遵循一定的规律和模式。这种现象在短文本生成中可能不太明显，但在长文本生成中，规律性和模式性可能会导致生成的内容显得平淡和刻板，缺乏创意和个性。

第四，模型在生成长文本时，可能会过分关注文本的连贯性和一致性，而忽略了创造性和原创性。为了确保文本的流畅度和可读性，模型可能会选择更加保守的表述和结构，而避免使用具有挑战性的观点或创新性的表达。这使得长文本在呈现信息的同时，可能在深度和广度上显得略有不足。

第五，人类语言的复杂性和多样性也使得保持长文本的创造性和原创性成为一项挑战。语言不仅包含了表层的信息，还蕴含了丰富的隐含意义、暗示和修辞手法。尽管模型在训练过程中已经学会了诸多语言规则和表达方式，但要完全掌握并运用这些复杂的语言元素仍然具有一定难度。在生成长文本时，模型可能难以准确地判断何时使用富有创意的隐喻、比喻或其他修辞手法，以增加文本的新颖性和独特性。

第六，ChatGPT 在处理高度主观或需要深入思考的问题时，可能表现出创造性和原创性的不足。由于模型主要依赖于训练数据中的现有知识，它可能在面对一些需要独立思考、探讨未知领域或挖掘新观点的问题时，表现出局限性。这意味着生成的长文本在深度和洞察力方面可能无法与人类作家媲美。

8.2.7 生成速度和计算资源消耗

生成长文本需要更多的计算资源和时间。随着文本长度的增加，计算需求可能成为一个制约因素。对于一些资源有限的应用场景，这可能导致长文本生成的可行性受限。这主要是因为以下几点：

第一，生成长文本涉及大量的计算任务。在生成过程中，模型需要对每个单词进行预测和选择，同时还需要保持文本的一致性、连贯性和相关性。当文本长度增加时，模型需要处理更多的单词和上下文信息，这无疑提高了计算的复杂性。由于模型的计算过程涉及多层神经网络的前向和反向传播，长文本生成的计算成本会随着文本长度的增加而显著提高。

第二，随着文本长度的增加，计算资源的需求也会相应上升。生成长文本需要较大的内存空间来存储中间状态和结果，同时还需要更强大的处理器（如 GPU 或 TPU）来执行计算任务。对于某些资源有限的环境，如个人电脑、移动设备或低配服务器，长文本生成可能会受到计算资源的制约，从而影响其性能和可行性。

第三，长文本生成的时间成本也不容忽视。随着文本长度的增加，模型在生成过程中需要评估更多的可能性和组合。这不仅增加了计算任务的数量，还可能导致生成速度变慢。在一些对实时性要求较高的应用场景中，如在线聊天、新闻生成或实时翻译，长文本生成所需的时间可能会给用户体验带来负面影响。

第四，长文本生成过程中的错误累积也是一个值得关注的问题。在生成长文本时，模型可能会在初始阶段产生一些错误，这些错误可能随着生成过程而被放大。这意味着在长文本生成过程中，模型可能需要进行更多的纠错和优化操作，从而进一步增加计算需求。

第五，长文本生成中的能源消耗也是一个需要考虑的因素。随着计算需求的增加，能源消耗将随之上升。对于一些对能源效率有要求的应用场景，如环保组织或节能设备，长文本生成可能会受到能源消耗的限制。

8.2.8 长文本生成的可控性

生成长文本的过程中，模型需要在大量可能的文本片段和主题之间进行选择。这使得生成的长文本可能会涉及多个不同的概念和观点。虽然这种多样性可能有助于增加文本的丰富性和深度，但它也可能导致文本失去焦点，难以满足用户特定的需求和期望。例如，在撰写一篇关于某个特定技术的报告时，模型可能会不断引入与主题相关但不完全相关的信息，从而使得文本显得冗长和琐碎。

长文本生成过程中的上下文理解和保持是一个重要挑战。由于模型在生成过程中可能会失去对之前生成内容的记忆，这可能导致文本内容在逻辑上出现不一致或不连贯的现象。这使得控制长文本的方向和内容变得更加困难，用户可能需要更多的干预来确保文本的逻辑性和连贯性。

此外，生成长文本时，模型可能面临保持创意和原创性的挑战。由于训练数据的局限性，模型可能会过分依赖已有的文本信息，导致生成的长文本缺乏新颖性和独特性。这可能会让用户觉得文本不符合他们的期望，因为他们可能在寻求独特的观点和见解，而不是现有的常见观点。

8.3　增强对话理解与情感识别挑战

8.3.1　语义理解的复杂性

人们在日常交流中会使用各种隐喻、双关语和非字面意义的表达方式。ChatGPT 可能在理解这些复杂表达时遇到困难，导致对话的理解出现误差。

自然语言中的词汇和语法多样性使得对话理解变得复杂。不同的语言和方言具有各自独特的词汇和语法结构，这为模型的训练和理解带来了额外的挑战。此外，词汇和语法的变化可能会导致相似表达方式在不同语境中具有不同的含义，从而增加了对话理解的难度。

日常交流中的隐喻、双关语和非字面意义表达方式为对话理解带来了额外的挑战。这些表达方式通常依赖于背景知识、共享的经验和文化背景，使得理解 ChatGPT 需要对相关领域的知识有深入的理解。然而，由于训练数据的局限性和模型的泛化能力，ChatGPT 可能在理解这些复杂表达时遇到困难。

对话中的修辞手法和语言游戏也会增加对话理解的难度。例如，讽刺、夸张和拟人等修辞手法经常出现在对话中，它们需要读者具有一定的理解能力和领悟力才能准确把握其意义。同样，语言游戏，如谐音词、颠倒词序等，也可能使对话理解变得更具挑战性。

多样性的情感表达和情感词汇使得对话理解具有更高的复杂性。情感信息可能通过各种直接和间接的方式在对话中传达，例如，通过语气、表情符号、措辞等。这使得捕捉和理解情感信息变得更具挑战性，尤其是在涉及细微情感变化和复杂情感状态的情况下。

对话中的参考消解和指代问题也会给对话理解造成困扰。在对话过程中，参与者可能使用代词、省略语或其他指代表达方式来指代先前提到的实体或概念。正确理解这些指代表达需要对上下文信息进行跟踪和分析，增加了对话理解的难度。

8.3.2　语境理解的困难

在对话中，上下文信息对于理解语义和情感至关重要。然而，模型可能在捕捉和处理长距离依赖和上下文关系方面遇到困难。这可能导致模型在对话理解和情感识别中出现错误。为了深入了解这个问题，我们可以从多个方面进行探讨。

第一，理解上下文信息需要对参与对话的实体、事件和概念之间的关系有深入的了解。这包括识别它们在句子和段落中的共现关系、时间顺序以及因果联系等。由于自然语言的复杂性，这些关系可能难以捕捉，特别是在涉及多个主题和跨越较长对话历史的情况下。

第二，上下文信息在对话中可能随着时间的推移而发生变化。例如，对话者可能会改变话题、引入新的概念或实体，或者在对话过程中逐渐揭示更多关于他们的观点和情感的信息。为了准确理解这些动态变化，模型需要能够在不同时间尺度上捕捉和跟踪上下文信息。然而，长距离依赖关系可能使这一任务变得更加困难。

第三，对话中的模糊性和不确定性也可能导致对上下文信息的捕捉和处理变得困难。在实际对话中，表达方式可能含糊不清或模棱两可，这使得理解上下文信息需要依赖更多的推理能力和领悟力。此外，由于自然语言中的歧义和多义性，某些上下文信息可能在不同的解释下具有不同的意义。这为模型在捕捉上下文关系时带来了额外的挑战。

8.3.3　多样性的情感表达

情感表达在不同文化、语言和个人之间具有很大的多样性。这使得情感识别变得具有挑战性，因为模型需要能够理解和识别各种不同的情感表达方式。此外，训练数据的偏差可能导致模型在某些情况下无法准确识别情感。下面从几个不同的角度进行论述：

8.3.3.1　文化差异

不同文化背景下的情感表达方式可能截然不同，这使得情感识别具有挑战性。例如，某些文化可能更倾向于直接表达情感，而其他文化则可能采用更为含蓄的方式。这种多样性要求模型具有足够的泛化能力，以适应不同文化背景下的情感表达方式。

8.3.3.2　语言差异

不同语言中的情感表达方式也可能存在显著差异。这包括词汇、语法、修辞手法等方面的差异。为了准确识别跨语言的情感表达，模型需要能够理解和解码这些差异。

8.3.3.3　个人差异

每个人在情感表达上都有自己的特点和风格。这意味着情感识别需要在一定程度上适应每个人的个性化表达。然而，由于训练数据的局限性，模型可能无法充分捕捉个人差异，从而影响情感识别的准确性。

8.3.3.4　情感的多样性和复杂性

情感表达可能涉及多种细微的情感变化和复杂的情感状态。例如，愉快、激动和满足都属于积极情感，但它们之间存在明显的差异，捕捉这些细微差别对模型来说可能具有挑战性。

8.3.3.5　非语言信息的捕捉

在实际对话中，情感信息往往不仅通过语言传递，还包括肢体语言、面部表情和语调等非语言信息传递。然而，由于模型的输入限制，这些非语言信息可能无法被充分利用，从而影响情感识别的效果。

8.3.4　隐含情感的捕捉

情感信息往往潜藏在对话的字面意义之下，需要通过对语言的细腻理解才能捕捉到。例如，词汇选择、语法结构和句子节奏等方面可能都包含了情感信息。由于自然语言的复杂性和多样性，捕捉这些微妙之处对模型来说可能具有挑战性。

另外，修辞手法如讽刺、夸张和借代等在传达情感信息时起着重要作用。这些修辞手法往往需要对语言的微妙变化和背景知识进行推理。

模型可能在识别和处理这些修辞手法时遇到困难。

在实际对话中，语音特征（如语调、重音和音速）以及非语言信息（如肢体语言和面部表情）对情感信息的传递也具有很大的影响。然而，这些信息在文本对话中往往缺失，使得模型在捕捉情感信息方面面临更大的挑战。

情感信息不是只存在于一个层次上，很多时候可能同时存在于多个层次上，如单词、短语、句子和段落等。这要求模型能够在不同的粒度上捕捉和整合情感信息。由于自然语言的复杂性和模型的计算能力限制，这一任务可能变得具有挑战性。

8.3.5　链接对话中的情感线索

当对话跨越多个回合时，模型需要有能力捕捉和跟踪跨回合的情感线索。这是因为情感信息可能随着对话的发展而发生变化，或者在不同回合中被不同程度地揭示。为了有效地处理这种复杂性，模型需要在不同时间尺度上理解和关联情感线索。

对话中可能涉及多个主题和参与者，这为捕捉跨回合的情感线索带来额外的挑战。在这种情况下，模型需要能够区分和跟踪与各个主题和参与者相关的情感信息。这要求模型具备较强的注意力机制和关联推理能力，以便在不同层次上捕捉和整合情感线索。

此外，情感线索的传递可能受到各种修辞手法和非字面意义表达的影响。在长距离依赖关系中，这些表达可能使情感信息变得更加难以捕捉。模型需要具备较强的语言理解能力，以便识别和处理这些复杂表达方式，进而准确捕捉跨回合的情感线索。

在长对话过程中，模型可能受到计算能力和内存限制的影响。这意味着模型在处理长距离依赖关系时可能面临性能瓶颈。为了解决这一问题，模型需要在保持高效计算的同时，有效地捕捉和关联跨回合的情感线索。

8.3.6　个性化和情感适应

每个人在表达情感和对话风格方面都有自己的特点。模型需要能够适应不同用户的个性化需求，以提供更好的对话理解和情感识别效果。然而，实现这一目标面临着一系列挑战。

由于训练数据可能无法涵盖所有用户的表达风格和情感差异，模型可能在面对特定用户时无法充分捕捉其独特的情感表达和对话风格。

在训练过程中，模型需要学会在不同用户之间进行泛化，以便在未见过的情况下仍能有良好的表现。然而，过度泛化可能导致模型在处理个性化需求时丧失细节和特异性。为了克服这一挑战，模型需要在泛化能力和个性化需求之间找到恰当的平衡点。

另外，评估模型在适应个性化需求方面的表现可能具有挑战性。由于情感和对话风格的主观性，评估模型在适应个性化需求方面的成功程度可能需要涉及多种指标和评价方法。这可能包括对用户满意度、对话质量和情感识别准确性等方面的考量。

第 9 章

ChatGPT 的优化

9.1 加速模型训练和推理

9.1.1 模型架构优化

9.1.1.1 网络压缩

网络压缩是一种减少模型大小和降低计算复杂度的方法，以提高训练和推理速度。网络压缩对于 ChatGPT 模型的优化至关重要，网络压缩的主要技术包括参数剪枝、权重量化和低秩分解。

一是参数剪枝。参数剪枝是一种通过移除对模型性能影响较小的参数来减小模型大小的方法。根据参数重要性，可以使用不同的剪枝策略，如权重剪枝、结构剪枝和动态剪枝。权重剪枝通过设定阈值移除绝对值较小的权重；结构剪枝则通过整体移除神经元或层来实现；动态剪枝则是在训练过程中实时调整剪枝策略。

二是权重量化。权重量化是一种将模型参数表示为更低位宽的值以减小存储需求量和计算复杂度的方法。量化可以将浮点数权重转换为较小的整数表示，如 8 位整数（INT8）或 16 位整数（INT16）。这种转换可以显著减少模型大小和内存占用，同时加速计算过程。量化方法分为几种类型，如静态量化、动态量化和混合精度量化。静态量化在训练后对模型进行量化，而动态量化在训练和推理过程中进行实时量化。混合精度量化则结合了不同精度的权重表示，以在保持性能的同时最大程度地减小模型大小。

三是低秩分解。低秩分解是一种通过对模型参数进行矩阵或张量分解来减小计算复杂度的方法。常见的低秩分解方法包括奇异值分解（SVD）和张量分解。将模型参数表示为低秩矩阵或张量的乘积，可以大幅降低计算需求和存储开销。低秩分解在很大程度上保留了原始模型的性能，但可能需要额外的训练迭代来微调分解后的参数。

9.1.1.2　知识蒸馏

知识蒸馏是一种模型压缩技术，旨在将大型模型（教师模型）的知识迁移到较小模型（学生模型）。这种方法可以为资源受限的设备和场景提供高效的模型，因为学生模型的计算资源需求较低，而性能仍接近教师模型。对于 ChatGPT 模型架构优化，知识蒸馏具有以下几个关键方面。

一是教师模型和学生模型。在知识蒸馏过程中，教师模型通常是一个经过充分训练的大型模型，具有较好的性能。学生模型则是一个较小的模型，其架构可能与教师模型相同或不同。学生模型的目标是在减少参数和计算量的同时，尽量保持与教师模型相近的性能。

二是蒸馏损失函数。为了让学生模型学习教师模型的知识，蒸馏过程使用一种特殊的损失函数。这个损失函数旨在最小化学生模型输出和教师模型输出之间的差异。常见的损失函数包括均方误差（MSE）和KL 散度。除了蒸馏损失，学生模型的训练通常还包括常规的监督学习损失，以确保学生模型能够直接学习训练数据中的目标。

三是温度参数。知识蒸馏过程通常使用一个温度参数来调整蒸馏损失函数。温度参数通过平滑教师模型的输出概率分布来控制学生模型学习的难度。较高的温度值会使概率分布更加平滑，从而使学生模型更加关注教师模型的相对置信度。较低的温度值则使概率分布更加尖锐，使学生模型更加关注教师模型的绝对置信度。

四是迁移技巧。为了提高学生模型的性能，研究人员开发了多种迁移技巧。例如，可以使用多个教师模型对学生模型进行集成蒸馏，或者在蒸馏过程中引入自监督学习任务。这些技巧可以帮助学生模型更好地捕捉教师模型的知识，从而进一步提高性能。

9.1.1.3 权重共享

权重共享是一种模型架构优化技术，其目标是通过在模型中共享参数来减少模型的参数数量，降低计算复杂度。这种方法可以降低ChatGPT 模型的内存需求和计算成本，从而加速训练和推理过程。以下是权重共享在 ChatGPT 模型架构优化中的一些应用：

一是循环神经网络（RNN）中的权重共享。在 RNN 中，权重共享可以通过在时间步上共享参数来实现。这种权重共享方式有助于减少模型参数数量，减小计算开销，同时提高模型在处理序列数据时的泛化能力。对于基于 RNN 的 ChatGPT 模型，权重共享有助于加速训练和推理过程。

二是卷积神经网络（CNN）中的权重共享。在 CNN 中，权重共享是通过在空间维度上共享卷积核参数来实现的。这种方法可以显著降低模型的参数数量和计算成本。尽管 ChatGPT 主要基于 Transformer 架构，但在某些情况下，可以将卷积层引入模型以捕捉局部上下文信息。在这种情况下，权重共享可以提高模型性能。

三是跨层权重共享。在某些模型架构中，可以在不同层之间共享权重。例如，可以在 Transformer 的多个层次之间共享自注意力机制的权重。这种权重共享方法有助于减少参数数量，降低计算成本，同时提高模型泛化能力。对于 ChatGPT 模型，跨层权重共享可以提高训练和推理效率。

四是参数生成网络。参数生成网络是一种动态生成模型参数的方法，可以实现权重共享。通过在训练过程中学习一个辅助网络来生成模型参数，可以在不同模型组件之间共享权重。这种方法在某些情况下可以降低模型参数数量和计算开销。

权重共享在 ChatGPT 模型架构优化中具有重要意义，因为它可以在减少参数数量和计算成本的同时，提高模型的泛化能力。通过在不同模型组件和层之间共享权重，我们可以完成更高效的训练和推理过程。

9.1.2　计算资源优化

9.1.2.1　分布式训练

分布式训练是一种将模型训练任务分布在多个计算设备或节点上进行的技术。对于大型模型如 ChatGPT，分布式训练可以显著提高训练速度，降低单个设备的资源需求，实现更高效的计算资源利用。具体来说，可以通过数据并行、模型并行和混合并行的方式来实现。

数据并行是将训练数据集划分为多个子集，并将这些子集分配给多个计算设备或节点以同时进行模型训练。每个设备计算梯度并将其与其他设备共享，从而更新模型权重。数据并行策略可以大大提高训练速度，并充分利用多个计算设备的资源。

模型并行是将模型本身的计算任务分布在多个计算设备或节点上

进行。这种策略适用于参数较多、难以容纳在单个设备内存中的大型模型，如 ChatGPT。模型并行可以将模型的不同部分部署到不同的设备上，从而减轻单个设备的负担。

混合并行结合了数据并行和模型并行的优点，将训练任务在多个设备上进行分布式计算。这种策略可以实现更高效的资源利用，以应对大型模型和大量训练数据所带来的计算挑战。

9.1.2.2　混合精度训练

混合精度训练是一种在训练深度学习模型时使用不同数值精度的方法，旨在提高计算效率和减少资源需求。这种策略结合了较高精度（如 32 位单精度）和较低精度（如 16 位半精度）计算的优点，可以实现更快的训练速度和更低的内存占用，同时保持模型的性能和生成质量。

在混合精度训练中，关键计算（如权重更新和梯度累积）仍然使用较高精度进行。这有助于保持训练过程的稳定性，避免因数值不稳定而导致的梯度消失或爆炸现象。

9.1.2.3　计算资源调度和负载均衡

资源调度是指将计算任务分配到可用的计算资源上。在大规模的计算环境中，有时候需要动态地调整计算资源的分配情况，以满足不断变化的需求。资源调度需要考虑多个因素，如计算资源的可用性、任务的优先级、数据的位置等。

负载均衡是指将计算任务均匀地分配到可用的计算资源上，以获取最优的计算性能。负载均衡需要考虑多个因素，如计算资源的可用性、任务的类型和复杂度、计算节点之间的网络带宽等。负载均衡通常使用一些算法来确定如何将任务分配到计算资源上，如轮询、最少连接和加权轮询等算法。

在现代计算环境中，资源调度和负载均衡通常由专门的软件或工具来管理。例如，Kubernetes 是一个流行的容器编排系统，它可以自动地管理容器的资源调度和负载均衡。其他工具如 Apache Mesos 和 Docker Swarm 也可以提供资源调度和负载均衡的功能。

9.1.3　训练策略优化

9.1.3.1　Curriculum Learning

Curriculum Learning（课程学习）是一种训练深度学习模型的策略，旨在提高模型的训练效率和性能。该策略通过逐步增加训练样本的难度，使模型逐渐学习复杂的特征和模式，从而更好地泛化到新的数据。

Curriculum Learning 的核心思想是按照一定的顺序逐步引入训练数据。具体来说，它可以通过以下方式实现：

第一，根据样本的难度或相似度进行排序，从简单到复杂依次引入。

第二，在训练中动态调整样本的难度，如开始时使用简单的样本进行训练，当模型收敛后再逐步增加难度。

第三，将模型的训练分为多个阶段，每个阶段引入不同的样本，逐渐增加训练难度。

9.1.3.2　迁移学习

迁移主要是将一个预训练的模型作为初始模型，然后通过微调或调整模型参数来适应新的任务。要实现迁移学习，需要做好以下几点：

第一，微调（Fine-tuning）。将预训练模型的权重作为初始权重，然后通过反向传播算法更新权重以适应新的任务。

第二，特征提取（Feature Extraction）。利用预训练模型的卷积层或特征提取器提取特征，然后将这些特征作为新模型的输入。

第三，神经网络结构迁移（Network Architecture Transfer）。将预训练模型的结构应用到新模型中，并根据新任务进行调整。

迁移学习可以大大减少训练时间和计算成本，并提高模型的训练效率和性能。特别是在样本数量较少的情况下，通过迁移学习可以更好地利用已有的数据和知识，从而更好地泛化到新的数据。

9.1.3.3　在线学习和增量学习

在线学习是指在训练过程中不断接收新的数据并利用这些数据进行训练。在线学习可以通过增量式训练或滚动式训练的方式实现。在线学习可以用于处理实时数据或快速变化的数据集，从而使模型能够适应新的数据。

增量学习是指在模型已经训练好的情况下，利用新的数据进行增量式更新。增量学习可以通过重用已有模型或增量学习网络的方式实现。增量学习可以利用已有模型的知识和经验，从而在快速更新或增加数据时，能够更好地避免重新训练模型的过程。

9.1.3.4　模型微调

模型微调（Model Fine-tuning）是一种训练深度学习模型的策略，它可以通过利用预训练模型的特征来快速训练新的任务，提高模型的训练效率和性能。模型微调的核心思想是将一个预训练的模型作为初始模型，然后通过调整模型参数或更新权重来适应新的任务。

模型微调通常分为两个阶段：预训练阶段和微调阶段。在预训练阶段，需要选择一个与新任务相关的数据集，使用无标签数据训练模型，从而提取模型的特征。在微调阶段，需要根据新任务的需求，对预训练模型进行微调，并根据新数据更新模型的权重。微调通常采用反向传播算法来更新权重，通常采用较小的学习率，以避免过度调整模型。

模型微调的优点是可以利用预训练模型的知识和经验，提高模型的训练效率和性能。在实践中，模型微调经常用于计算机视觉、自然语言处理等领域的任务中，如目标检测、图像分类、情感分析等。此外，模型微调也可以用于解决样本数量较少的问题。

9.1.4　模型推理优化

9.1.4.1　模型剪枝

模型剪枝（pruning）是一种降低深度学习模型复杂性的方法，可以提高推理速度并减少内存使用。模型剪枝又包括权重剪枝、卷积核剪枝、神经元剪枝和层剪枝几种方法，下面一一进行介绍。

权重剪枝（Weight pruning）：通过设定阈值，删除权重矩阵中较小的权重值。这可以减少模型中的非零参数数量，从而减小模型大小。

卷积核剪枝（Filter pruning）：删除卷积层中不重要的卷积核（filters）。这可以减小模型的计算复杂性，并在一定程度上提高推理速度。需要注意的是，这种方法主要适用于卷积神经网络（CNN），对于基于 Transformer 的模型不太适用。

神经元剪枝（Neuron pruning）：通过评估神经元的重要性，删除不重要的神经元，这可以降低模型的计算复杂性。

层剪枝（Layer pruning）：删除整个层次，如 Transformer 中的自注意力（self-attention）层。这可以降低模型的计算复杂性，并提高推理速度。

9.1.4.2　模型量化

模型量化是一种降低深度学习模型计算需求的策略，它通过降低权重和激活值的精度实现。这种方法能控制模型大小、降低内存使用、加快推理速度，并降低能耗。有许多不同的模型量化技术，包括激活量化、动态量化、对称量化、非对称量化以及量化后的模型微调。

激活量化是将激活值（如 ReLU 层输出）的精度降低，以提高计算效率，同时尽量不影响模型性能。

动态量化在推理阶段根据实际需求动态调整权重和激活值的精度，实现计算资源与模型性能之间的平衡。

对称量化和非对称量化则分别将权重和激活值映射到对称整数范围（如 −128 到 127）和非对称整数范围（如 0 到 255），非对称量化提供了更灵活的表示方式，但计算复杂性可能略高。

为了弥补量化导致的性能损失，可以在量化后对模型进行微调。这通常包括使用原始数据集对量化后的模型进行少量迭代训练。

要优化 ChatGPT 的推理速度和内存占用，可以尝试使用这些不同的量化方法。在量化过程中，需要密切关注模型性能的变化，确保在优化计算资源的同时，不会损失过多的性能。与模型剪枝一样，量化也需要在压缩程度与性能之间寻找平衡点。

9.1.4.3　模型融合和集成

模型融合和集成方法主要用于提高模型的性能，它们通过组合多个模型的预测结果以提高泛化能力。虽然这些方法通常用于提高准确性，但在某些场景下也可以优化推理速度。一些常见的模型融合和集成方法包括模型平均、集成学习、知识蒸馏、分层模型以及模型修剪和量化的结合。这些方法在提高模型性能的同时，可以在不同程度上影响推理速度，因此，需要根据实际需求和应用场景选择合适的策略。

9.1.4.4　高效的推理引擎

高效的推理引擎在优化 ChatGPT 模型推理过程中发挥着至关重要的作用。推理引擎负责执行深度学习模型的前向传播过程，它需要在保证模型性能的同时，兼顾计算资源的高效利用。

推理引擎对模型进行优化表现为操作融合、内存布局优化等。操作融合将多个连续的操作合并为一个，从而减少计算时间和内存占用。内存布局优化则是根据特定硬件的内存访问特性，对模型的权重和激活值进行重新排列，以降低内存访问延迟和提高缓存命中率。

推理引擎还可以支持跨平台的部署，使模型能够在各种硬件设备（如 CPU、GPU、TPU 和 FPGA 等）上高效运行。这样可以确保在不同硬件平台上实现统一的性能优化，方便用户在不同设备间迁移模型。

高效推理引擎还可以与其他模型优化技术（如剪枝、量化、蒸馏等）相结合，进一步提高模型的推理速度和准确性。

9.2 提高模型性能和准确率

9.2.1 学习率策略与优化器选择

9.2.1.1 学习率策略

学习率决定了模型权重更新的幅度。合适的学习率可以帮助模型更快地收敛并达到较低的损失值。

一是固定学习率。在整个训练过程中使用固定的学习率。这是一种简单的方法，适用于某些问题，但在其他情况下可能无法给出最优解。选择合适的学习率需要仔细的超参数搜索和实验。

二是指数衰减学习率。让学习率随着训练轮次增加而指数衰减。这种策略可以帮助模型在训练初期快速收敛，然后在接近最优解时降低学习率以获得更好的稳定性。指数衰减因子和初始学习率是需要调整的超参数。

三是余弦退火学习率。基于余弦函数周期性变化的学习率调整策略。在训练过程中，学习率会在最大值和最小值之间按余弦曲线波动。这种方法可以在保持一定探索性的同时，逐渐降低学习率，从而提高模型泛化能力。

四是自适应学习率。根据模型训练过程中的表现动态调整学习率。

9.2.1.2　优化器选择

优化器决定了如何根据损失函数梯度更新模型权重。不同的优化器在收敛速度、稳定性和泛化能力方面有所不同。

一是随机梯度下降（SGD）。一种简单且广泛应用的优化器，通过计算损失函数的梯度来更新权重。SGD 易于实现，并在许多问题上表现良好。然而，它可能需要较长时间收敛，并且可能会受到局部最小值和鞍点的影响。

二是带动量的随机梯度下降（Momentum SGD）。在 SGD 的基础上引入动量项，以加速收敛并抑制震荡。动量项使优化器能够积累过去梯度的信息，从而在梯度方向一致的情况下加速学习，同时抵消梯度方向不一致的情况下产生的震荡。

三是 AdaGrad。一种自适应学习率优化器，根据参数的历史梯度大小调整学习率。对于出现频繁的参数，学习率将更快衰减，而对于稀有参数，学习率将相对较慢衰减。然而，AdaGrad 可能在训练过程中过早地降低学习率，从而导致模型收敛速度变慢。

四是 RMSprop。一种改进自适应学习率的优化器，通过引入指数加权平均来克服 AdaGrad 在某些情况下学习率过快衰减的问题。RMSprop 在不同参数的学习率更新中引入了平滑因子，使得更新更加稳定，特别是在处理非平稳目标函数时。

五是 Adam。结合了动量 SGD 和 RMSprop 的优点，自适应调整学习率并利用动量项加速收敛。Adam 优化器在不同参数的学习率更新中同时考虑了一阶矩和二阶矩，使得模型可以在各种情况下快速逼近最优解。由于其鲁棒性和广泛适用性，Adam 已成为许多深度学习任务的首选优化器。

在选择优化器时，应根据具体任务和模型特性进行权衡。有时候，结合多种优化器的策略（如使用动量 SGD 和 Adam）可能会有更好的性能。

9.2.2 贝叶斯优化与超参数调整

贝叶斯优化是一种高效的全局优化方法，用于找到具有不确定性和噪声的黑盒函数的最优解。与传统的网格搜索和随机搜索方法相比，贝叶斯优化更加高效，因为它利用了先前评估的超参数组合的信息来引导搜索过程。这使得贝叶斯优化能够更快地找到更好的超参数组合，从而提高模型性能。

贝叶斯优化在超参数调整中的应用包括以下几个步骤。

第一，定义目标函数：目标函数是一个用于评估超参数组合性能的度量，通常是交叉验证误差或验证集误差。

第二，选择先验分布：先验分布表示超参数的不确定性。在贝叶斯优化过程中，先验分布将随着收集到的数据而更新。

第三，选择采样策略：采样策略决定了如何从先验分布中选择下一个超参数组合。常见的采样策略包括贪婪采样、随机采样和基于置信区间的采样。

第四，更新后验分布：根据目标函数值和采样策略，更新先验分布以得到后验分布。后验分布将在下一轮迭代中作为新的先验分布。

第五，重复上述过程：迭代进行采样、评估和更新直到满足预定的终止条件，如达到最大迭代次数或收敛到一个较小的误差范围。

使用贝叶斯优化进行超参数调整可以提高 ChatGPT 模型的性能和准确率。与其他超参数搜索方法相比，贝叶斯优化需要更少的评估次数，因此，其可以在较短的时间内找到更优秀的超参数组合。这对于训练大型语言模型如 ChatGPT 尤为重要，因为这些模型的训练时间和计算成本通常非常高。

9.2.3　弱监督学习与半监督学习

9.2.3.1　弱监督学习

弱监督学习利用低质量或不完整的标签数据进行训练。尽管这些标签可能含糊不清、不准确或不稳定，但它们仍然可以为模型提供有价值的监督信号。以下是弱监督学习的一些主要方法以及它们如何应用于训练过程：

一是噪声标签学习。在噪声标签学习中，模型使用含有噪声的标签数据进行训练。这些噪声标签可能是通过启发式方法生成的伪标签，或者是人工注释中的错误。噪声标签学习的关键在于设计鲁棒性的学习算法，使模型能够从噪声标签中提取有用的信息。这可以通过引入噪声模型、集成方法或使用抗噪声损失函数等策略来实现。

二是多实例学习。多实例学习将训练样本组织为包含多个实例的集合，每个集合具有一个与之关联的标签。与单个实例关联的标签可能未知或不准确，但集合级别的标签可以为训练提供有效的监督。多实例学习算法的目标是学习一个能够区分正负实例集合的模型。通过学习实例之间的关系和组合，多实例学习可以揭示潜在的模式和结构，从而提高模型的泛化能力。

三是数据增强。数据增强通过对训练数据进行扰动或变换，生成额外的带有相同标签的样本。数据增强可以扩大训练集规模，提高模型对输入变化的鲁棒性，并减轻过拟合现象。对于自然语言处理任务，数据增强方法包括词汇替换、句子重组、同义词替换等。通过引入多样性，数据增强有助于模型学习更具代表性的特征，从而提高性能和准确率。

9.2.3.2 半监督学习

监督学习通过结合有标签数据和无标签数据进行训练，利用未标注数据的潜在结构信息来提高模型的泛化能力。

半监督学习方法以及它们的训练过程如下。

一是自训练。自训练首先使用有标签数据训练一个模型，然后利用这个模型为未标注数据生成伪标签。接下来，将伪标签数据与原始有标签数据一起用于模型的再训练。通过这种方式，模型可以学习从未标注数据中捕获的隐含结构，从而提高泛化能力。自训练通常需要设定一个阈值，以确定哪些伪标签数据具有足够的置信度用于训练。

二是生成对抗网络（GAN）。生成对抗网络包括两个相互竞争的部分：生成器和判别器。生成器的目标是生成与真实数据分布相似的样本，而判别器的目标是区分真实数据和生成数据。通过这种对抗过程，生成器可以学习数据的潜在结构，而判别器可以学习更精细的分类边界。在半监督学习中，GAN 可以用来利用未标注数据生成更多的有标签样本，从而增强模型的泛化能力。

三是图半监督学习。图半监督学习将数据表示为图结构，其中节点表示数据样本，边表示样本之间的相似性。利用图上的标签传播算法，可以将有标签节点的标签信息传递给相邻的无标签节点。这样，模型可以从局部邻域中学习潜在的类别结构，从而提高泛化性能。图半监督学习方法包括标签传播算法、标签扩散算法和图神经网络等。

四是一致性正则化。一致性正则化旨在鼓励模型在不同扰动下对同一个未标注样本产生相似的预测。这可以通过添加额外的损失函数实现，该损失函数比较扰动样本的模型预测与原始样本的模型预测之间的差异。一致性正则化有助于优化模型学习稳定的特征表示，降低过拟合风险，并提高泛化能力。

9.3　模型压缩

9.3.1　网络剪枝

网络剪枝是一种优化神经网络的方法，目标是减小模型大小并降低计算复杂性。这种方法通过删除模型中的不重要部分实现，如神经元、连接或通道。剪枝技术可以提高模型在资源受限设备上的运行效率，从而降低部署成本、加快推理速度并降低能耗。此外，剪枝还有助于避免过拟合，提高模型的泛化能力。

网络剪枝主要可以分为两类：结构化剪枝和非结构化剪枝。

9.3.1.1　结构化剪枝

结构化剪枝关注整个模型的某些部分，如卷积核或神经元，并将其完全去除。这种方法旨在通过降低网络复杂性来减轻计算负担，同时保持模型紧凑的结构特性。具体而言，结构化剪枝可以针对不同类型的神经网络，如卷积神经网络（CNN）和循环神经网络（RNN）等，从而具有广泛的适用性。

结构化剪枝的关键优势在于其良好的硬件兼容性。由于剪枝后的模型保持了紧凑的结构，可以直接在现有的硬件和软件平台上实现性能提升，无需额外的专门优化。这意味着结构化剪枝对现有硬件架构友好，包括 CPU、GPU 和专用 AI 芯片等。因此，在实际应用中，结构化剪枝方法可以有效降低部署成本，提高推理速度，减少能耗，从而在边缘设备、移动设备和嵌入式系统等资源受限环境中具有较高的实用价值。

9.3.1.2　非结构化剪枝

非结构化剪枝专注于模型权重中的个别连接。删除这些连接，使模型变得稀疏，从而降低模型大小和计算复杂性。这种方法的核心思想是识别并去除网络中的低影响力连接，以在保持性能的同时减轻计算负担。非结构化剪枝可以应用于各种类型的神经网络，包括卷积神经网络（CNN）、循环神经网络（RNN）等。

在实施非结构化剪枝时，选择合适的剪枝程度和策略至关重要。剪枝策略通常包括权重阈值剪枝、梯度剪枝、敏感度剪枝等。合适的剪枝程度需要在减小模型大小和计算复杂性与保持模型性能之间达到平衡。

尽管网络剪枝有很多优点，但在实践中需要权衡许多因素。首先，在剪枝过程中，需要找到一个合适的平衡点，以保持模型性能的同时尽量减少计算复杂性。过度剪枝可能导致模型性能下降，而不足剪枝则无法显著提高推理速度。其次，剪枝方法的选择和实现需要考虑目标硬件和软件平台的特点。例如，针对移动设备的剪枝策略可能与针对高性能计算平台的策略有所不同。最后，剪枝后的模型可能需要进一步的微调或训练，以恢复因剪枝而损失的性能。

9.3.2　矩阵分解

矩阵分解通过将大型权重矩阵分解为较小矩阵的乘积，以降低模型参数数量和计算复杂性。矩阵分解方法的核心思想是利用低秩结构来近似原始矩阵，从而用较少的参数表示相同或相似的信息。这种方法在保持模型性能的同时，能够显著降低存储和计算需求，特别适用于资源受限的环境。

常用的矩阵分解方法包括以下几种：

9.3.2.1　奇异值分解（SVD）

奇异值分解（SVD）是一种广泛应用于线性代数和数据分析的矩阵分解方法。通过将矩阵分解为三个矩阵的乘积，即一个正交矩阵 U、一个对角矩阵 Σ 和另一个正交矩阵 V 的转置，SVD 可以揭示矩阵的内在结构和特性。正交矩阵 U 和 V 的列向量分别称为左奇异向量和右奇异向量，而对角矩阵 Σ 的对角线元素称为奇异值。

SVD 的一个重要应用是对矩阵进行降维。在这种情况下，可以通过保留较大的奇异值并舍弃较小的奇异值来实现对原始矩阵的低秩近似。这样做的原因是较大的奇异值通常捕捉了矩阵中的主要信息和特征，而较小的奇异值通常对应于噪声或次要特征。因此，保留较大的奇异值可以在降低数据维度的同时，尽可能保留原始信息。

在模型压缩中，SVD 可以用于将神经网络中的权重矩阵分解为两个较小的矩阵。具体来说，给定一个权重矩阵 W，可以通过 SVD 将其分解为 $U\Sigma V^{\wedge}T$。然后，可以选择一个合适的秩 k（k 远小于原始矩阵的秩），并保留前 k 个奇异值及其对应的左右奇异向量，从而得到近似矩阵 W。

接下来，可以将 W' 表示为两个较小矩阵的乘积，即 $W'=U'\Sigma'V'^{\wedge}\mathrm{T}$。这样，原始权重矩阵 W 被替换为两个较小的矩阵 U' 和 $\Sigma'V'^{\wedge}\mathrm{T}$，从而实现了模型压缩。

9.3.2.2 低秩矩阵近似（LRMA）

低秩矩阵近似（LRMA）的目标是找到一个接近原始矩阵的低秩表示。LRMA 在模型压缩、特征提取和数据降维等领域有广泛应用。以下是一些常见的 LRMA 方法及其特点：

一是主成分分析（PCA）。PCA 是一种经典的线性降维技术，通过寻找数据的主成分来实现低秩表示。主成分是数据变量的线性组合，它们能够最大化解释数据的方差。PCA 可以通过特征值分解（EVD）或奇异值分解（SVD）来实现。在模型压缩中，PCA 可以用于降低权重矩阵的维度，从而减少参数数量和计算复杂性。

二是非负矩阵分解（NMF）。NMF 是一种将非负矩阵分解为两个非负矩阵的乘积的方法。与 PCA 不同，NMF 的分解结果具有非负约束，这使得 NMF 在处理非负数据时具有更好的解释性。NMF 在图像处理、文本挖掘和推荐系统等领域有广泛应用。在模型压缩中，NMF 可以用于将权重矩阵分解为两个较小的非负矩阵，从而实现压缩。

三是张量分解。张量分解是一类将高维数组（张量）分解为低维表示的方法。张量分解方法如 CP 分解和 Tucker 分解等，可以用于处理多维数据结构。CP 分解将一个高维张量分解为一组秩一张量的和，而 Tucker 分解则是将一个高维张量分解为一个核心张量与一组正交矩阵的乘积。在深度学习中，卷积层和循环层的权重可以表示为张量，因此，可以使用张量分解方法来压缩这些权重。

第10章

ChatGPT未来发展

10.1 从 GPT-4 到 GPT-5 及未来

10.1.1 GPT-4 的技术进展

GPT-4 预计会有一系列的技术进展，主要包括以下几个方面，如图 10-1 所示。

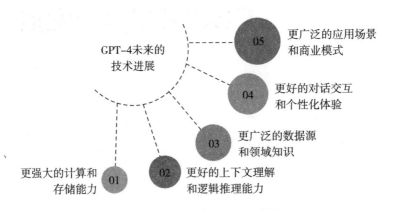

图 10-1　GPT-4 未来的技术进展

10.1.1.1 更强大的计算和存储能力

一方面，新一代 GPU 和 TPU 通常都具有更高的计算能力和更低的能耗，能够加速 GPT-4 的计算速度和训练效率。这将使得 GPT-4 可以更快地处理大规模的数据集和模型参数，并提高其精度和泛化能力。同时，这些加速器还可以完成更高效的模型推理，从而使得 GPT-4 的实时响应和交互性更加出色。

另一方面，GPT-4 也可能会使用更大的存储器来存储其模型参数和训练数据。目前，存储器的容量已经达到 TB 级别，而且还在不断扩大。这将为 GPT-4 提供更多的存储空间，以便存储更大规模的模型和数据集，进一步提高其准确性和效率。

10.1.1.2　更好的上下文理解和逻辑推理能力

GPT-4 可能会采用更多的语言模型和语义表示方法，以便更好地抽象和表达语言结构和语义信息。例如，当前流行的 BERT、GPT 等预训练语言模型，都已经取得了一定的成功，但仍然存在一些不足之处。GPT-4 可能会从这些模型中汲取经验，并尝试改进其结构和训练算法，以进一步提高其性能和泛化能力。

另外，GPT-4 也可能会采用更先进的推理算法和语言模型，以便更好地进行逻辑推理和推断。例如，目前已经出现了一些基于知识图谱、逻辑规则等方法的推理算法，可以通过结构化的方式表达和推理语言中的逻辑关系和知识关联。GPT-4 可能会结合这些方法，并对这些方法加以改进，以实现更高级别的推理和推断，例如常识推理、情感推理等。

10.1.1.3　更广泛的数据源和领域知识

GPT-4 可能会采用更多的数据源，包括不同类型的文本、音频、视频等多模态数据，以便更好地理解和表达语言中的多样性和复杂性。例如，当前流行的语言模型 GPT-3 就是在基于广泛的多语言数据集训练得到的，这使得其在多语言理解和生成方面具有很高的性能和泛化能力。GPT-4 可能会借鉴这一经验，并尝试在更多的数据源上进行训练和测试，以获得更广泛的语言知识和经验。

在领域知识方面，GPT-4 也可能会采用更丰富的领域知识，以便更好地应对不同领域和场景下的语言任务。例如，当前已经出现了一些基于知识图谱、本体论、领域专家等方法的知识表示和推理技术，可以提供更丰富和准确的领域知识和推理能力。GPT-4 可能会结合这些技术，并加以改进，以实现更高级别的语言理解和生成，如领域特定的对话交互、知识图谱推理等。

10.1.1.4　更好的对话交互和个性化体验

GPT-4 可能会加强其对话流畅性和自然性，以便更好地与用户进行交互和沟通。例如，当前流行的对话生成模型 GPT-3 就已经在自然性和流畅性方面取得了一定的进展，可以在多种场景下进行实时的文本交互。GPT-4 可能会进一步改进其对话生成算法，以实现更自然、更流畅的对话体验，如多轮对话交互、主题引导、语境感知等。

在情感交互和个性化服务方面能力也会更强，从而更好地满足用户的情感和需求。例如，当前已经出现了一些情感识别和情感生成算法，可以识别和表达用户的情感状态和情感需求，从而提供更人性化的服务。GPT-4 可能会结合这些算法，并加以改进，以提供更高级别的情感交互和个性化服务，如情感回应、情感导向、情感分析等。

10.1.1.5　更广泛的应用场景和商业模式

GPT-4 是下一代聊天型人工智能模型，预计将在更广泛的应用场景和商业模式中得到应用。例如，可以作为虚拟健康助手，虚拟健康助手是指利用人工智能技术，基于用户的健康数据和需求，提供个性化、精准的健康管理和建议的应用系统。在这个领域，GPT-4 可能会发挥重要作用，通过情感识别、情感生成和健康领域知识等技术，更好地理解用户的情感状态和健康需求，从而提供更个性化的健康管理和建议。

10.1.2　GPT-5 的可能发展方向和应用场景

10.1.2.1　GPT-5 的可能发展方向

一是提高生成能力和理解力。

第一，GPT-5 或许会在对上下文的理解上取得更大的突破。一个重要的优化方向是加强长文本的处理能力，使得 GPT-5 能够在更长的文本段落中理解和把握关键信息。这将有助于在回答复杂问题时提供更准确的信息，同时也能更好地满足用户在阅读长篇文章或书籍时的需求。

第二，GPT-5 可能会更好地理解用户意图，从而生成更符合用户期望的回答。通过对用户输入的分析，GPT-5 可以识别出用户关心的核心问题，从而生成更切题的答案。同时，GPT-5 还可能会提高其对隐含信息和潜在需求的把握能力，即使在用户问题不明确的情况下，GPT-5 也能提供合适的解答。

第三，GPT-5 也可能会在处理歧义和误导性信息方面取得重要进展。在生成回答时，GPT-5 将更注重消除模糊性，提供明确且具体的解答。同时，在面对模棱两可的输入时，GPT-5 有可能会主动询问用户以获取更多上下文信息，从而避免产生误导性的回答。

第四，另一个可能的发展方向是提高 GPT-5 的事实和逻辑校验能力。通过对生成内容进行严格的事实和逻辑检查，GPT-5 可以有效减少输出错误或虚假信息的风险，为用户提供更可靠的答案。同时，GPT-5 还可能会具备更强大的自我纠错能力，使其在发现输出信息错误或不足时，能够及时进行修改和补充。

最后，为了提高生成内容的可读性和连贯性，GPT-5 可能会在文本生成的结构和风格方面进行优化。通过更好地模仿人类的写作风格，GPT-5 可以生成更自然、更易于阅读的文本，从而为用户提供更好的阅读体验。

二是优化模型规模和效率。随着硬件技术的不断进步，GPT-5 可能会变得更大、更复杂。这意味着在未来的人工智能发展中，GPT-5 可能会拥有更强大的计算能力和更精确的预测结果。然而，模型规模的扩大也带来了一些挑战，其中最关键的是模型规模与效率之间的平衡。

首先，随着模型变得越来越复杂，训练和运行所需的计算资源将显著增加。这可能导致训练时间变长，同时还会增加能源消耗和环境影响。为了解决这些问题，研究人员需要在模型设计和算法优化方面取得突破，提高训练和推理过程的效率。

其次，在不同设备上实现更好的性能是另一个挑战。由于 GPT-5 模型可能非常庞大，它在边缘设备（如智能手机和平板电脑）上的部署和运行可能会受到限制。为了解决这个问题，研究人员可能需要探索模型压缩和精简的方法，以适应不同硬件环境的需求。这可能包括知识蒸馏、模型剪枝等技术，以降低模型复杂度和内存占用，从而提高在不同设备上的性能。

最后，随着 GPT-5 模型规模的扩大，保持用户隐私和数据安全也至关重要。大型模型可能更容易受到攻击和数据泄露的威胁。因此，研究人员需要开发更先进的安全技术和隐私保护措施，以确保在提供高质量的智能服务的同时，保护用户的隐私和安全。

三是多模态处理。GPT-5 是一个基于 GPT-3 的下一代语言模型，它将在当前的自然语言处理（NLP）领域中拥有更高的性能和更广泛的应用，其中一个关键的改进是加强对多模态数据的处理能力。

多模态数据包括多种类型的信息，如文本、图像、音频和视频等，而这些信息在现实世界中相互交织、相互依存，无法仅靠单一模态的信息进行完整的分析和理解。因此，对于一个多模态数据的处理模型来说，它需要从多种类型的数据中提取出有意义的特征，并将这些特征整合起来以实现更为丰富和全面的分析和生成能力。

在处理多模态数据时，GPT-5 可以通过以下几种方式来提高其性能，扩大应用范围。

第一，结合多种模态的数据源：GPT-5 可以同时处理来自多种模态的数据源，如文本、图像、音频和视频等。通过对不同类型的数据源进行整合和分析，GPT-5 可以更好地理解数据的内在结构和特征。

第二，引入跨模态嵌入技术：GPT-5 可以使用跨模态嵌入技术来将不同类型的数据转换为一个共同的向量空间，从而更容易地将它们整合起来进行分析和处理。

第三，应用多模态推理：GPT-5 可以使用多模态推理来推断不同类型数据之间的联系和相互作用。例如，在处理图像和文本数据时，GPT-5 可以通过分析图像中的物体和文本中的描述来建立它们之间的关系，从而更好地理解和生成有关这些物体的描述。

第四，结合多模态生成技术：GPT-5 可以通过结合多模态生成技术来生成更加丰富和全面的数据。例如，在生成自然语言描述时，GPT-5可以使用图像和视频等多模态数据源来辅助生成更加生动和形象的描述。

四是适应多种任务和领域。GPT-5有望在多种任务和领域中表现出更强大的适应性，这得益于其先进的语言模型架构和大量的训练数据。以下是几个GPT-5可能在其中大放异彩的领域和任务。

第一，机器翻译：GPT-5有望在机器翻译领域取得重大突破，提供更高质量和准确性的翻译服务。这将有助于消除语言障碍，促进跨文化交流和合作。其卓越的翻译性能将有望应用于各类场景，如即时通信、全球商务合作、在线教育等。

第二，情感分析：GPT-5将有能力更准确地识别和分析文本中的情感，这将为企业和组织提供有关客户和市场的宝贵见解。情感分析可用于社交媒体监控、在线评论分析、客户服务等领域，帮助企业更好地了解客户需求，优化产品和服务。

第三，知识图谱构建：GPT-5将能更有效地从非结构化数据中提取结构化知识，构建知识图谱。知识图谱有助于整合和挖掘企业、行业、领域内的知识资源，从而推动创新和发展。知识图谱在智能搜索、推荐系统、领域专家系统等方面具有广泛应用前景。

第四，自然语言界面：GPT-5有望进一步改进自然语言处理能力，为用户提供更自然、更智能的交互体验。这将推动智能语音助手、聊天机器人等技术的发展，使其在家居、办公、娱乐等场景中更为实用和普及。

五是强化学习和其他技术融合。强化学习是一种机器学习方法，它通过与环境的交互来训练智能体，使其能够学会作出最优的决策。GPT-5可以与强化学习相结合，以获取更为智能的学习和决策能力。例如，GPT-5可以作为强化学习智能体的一部分，通过学习环境的反馈来改进其生成和理解能力，以获取更好的性能。

另外，GPT-5 可以与生成对抗网络相结合，以获取更为自适应的学习能力。例如，GPT-5 可以作为生成器的一部分，学习如何生成与真实数据相似的语言数据，以提高其语言生成能力。

10.1.2.2　应用场景

GPT-5 可以应用的场景很多，如虚拟助手，通过语音和文本接口与用户互动，提供智能搜索、日程管理、购物建议等服务；科研辅助，GPT-5 可以应用于文献分析和搜索中，通过自然语言处理和文本分析技术，为科研人员提供更为准确和个性化的搜索结果。GPT-5 可以分析论文的内容、关键词和引用文献等信息，找到与用户需求最为匹配的论文和文献。这种文献分析和搜索技术可以提高科研人员的工作效率和成果质量。

10.2　混合智能与人机协作

10.2.1　混合智能概述

10.2.1.1　人工智能与人类智能的融合

人工智能与人类智能的融合是一个既令人兴奋又令人担忧的话题。随着技术的进步和发展，人工智能的应用已经深入了我们生活的各个方面，从智能家居到自动驾驶汽车，再到医疗保健和金融服务等领域。

在未来，人工智能技术有望在更多领域实现与人类智能的融合。这种融合可能会带来许多好处，如提高工作效率、改善医疗保健、加速科学研究等。例如，人工智能可以帮助医生进行更准确的疾病诊断和治疗方案的制定，或者协助科学家进行更快速的实验和数据分析。

然而，人工智能与人类智能的融合也会带来一些挑战和风险。其中最主要的挑战之一是确保人工智能系统不会产生偏见或歧视性。人工智能系统的决策是基于它们训练数据的模式识别能力进行的，如果这些数据本身存在偏见，那么这些偏见可能会被系统所学习并反映在其决策中。

另一个挑战是确保人工智能系统的透明度和责任性。当人工智能系统作出决策时，它们往往采用的是黑盒模型，这意味着人们无法理解这些系统为什么会作出某些决策。这种情况下，如何对系统的决策进行质量控制和风险管理就成了一个重要的问题。

因此，人工智能与人类智能的融合需要考虑到这些挑战和风险，同时还需要加强对人工智能的监管和规范。只有在技术、政策、道德和社会方面全面配合的情况下，人工智能与人类智能的融合才能真正实现其潜在的好处，为我们带来更多的机会和福利。

10.2.1.2　混合智能在人机交互中的应用场景

混合智能是指人工智能与人类智能相结合的一种方式。在人机交互中，混合智能可以应用于以下几个场景。

一是智能客服。混合智能可以用于客服中，将人类智能与人工智能相结合，实现更高效、更智能的客户服务。在客服中，人工智能可以负责自动化回答一些常见问题，而人类智能可以负责更复杂、更具有人情味的交互。

二是智能助手。混合智能可以应用于智能助手中，将人工智能与人类智能相结合，为用户提供更个性化、更贴心的服务。在智能助手中，人工智能可以负责自动化的事务处理和任务管理，而人类智能可以负责更深入、更高级的交互。

三是智能协同。混合智能可以应用于智能协同中，将人工智能与人类智能相结合，实现更高效、更灵活的团队协作。在智能协同中，人工智能可以负责自动化的任务分配和进度跟踪，而人类智能可以负责更灵活、更具创造性的决策和合作。

四是智能辅助。混合智能可以应用于智能辅助中，将人工智能与人类智能相结合，帮助人们更好地完成各种任务。在智能辅助中，人工智能可以负责自动化的数据处理和分析，而人类智能可以负责更高级、更创新的思考和决策。

10.2.2　人机协作的优势

10.2.2.1　优化资源利用效果

人机协作可以将人类和机器的优势进行优化组合，达到最佳资源利用的效果。人类具有情感，而机器则缺乏情感，因此，在情感方面，人类的优势更为突出。在人机协作中，人类可以通过自身的情感能力，更好地理解用户的需求和心理状态，提供更加贴心的服务。机器具有智能化的特点，可以通过学习和算法优化等手段，不断提升自身的智能水平。在人机协作中，机器可以通过智能化的技术手段，提供更加精准和高效的服务，从而提高整体效率。

10.2.2.2　扩展任务能力

人机协作可以扩展任务的能力和范围。人类和机器各有其能力和局限性，在某些领域的任务，人类可能无法单独完成，而机器则可以通过智能化的技术手段，扩展任务的范围。例如，在自动驾驶领域，机器可以通过感知技术和预测算法等手段，对路况和交通状况进行精准预测和控制。通过人机协作，可以将人类和机器的优势结合起来，在更广泛的应用场景更高效地完成任务。

10.2.2.3　增强安全性

人机协作可以将人类和机器的优势结合起来，实现任务的安全性最大化。例如，在核电站的安全运行过程中，人类可以通过自身的经验和判断能力，对异常情况进行及时识别和处理。而机器则可以通过智能化的监控和控制系统，对核电站进行全方位的数据收集和分析。通过人机协作，可以将人类和机器的优势结合起来，实现更加安全和稳定的核电站运行。

另外，人机协作可以通过将人类和机器分别安排在不同的任务环节中，提升任务的安全性。例如，在火灾救援中，机器可以通过无人机或机器人等设备进入危险区域，进行搜救和灭火等工作，从而减少人类面临的风险。而人类则可以通过指挥中心等方式，对机器进行控制和指导，提高灭火救援的效率和安全性。

10.2.2.4　实现创新性

人机协作可以通过结合人类的创造性思维和机器的智能化技术，产生更为独特和有价值的创新想法。例如，在产品设计领域，人类可以通过创造性的思维，提出新的产品构想和设计方案。机器则可以通过智能化技术，对产品的可行性和市场需求等进行评估和分析。通过人机协作，可以将人类和机器的优势相结合，实现更为创新性的产品设计。

10.2.3　人机协作的未来发展趋势和应用前景

随着科技的不断进步，人机协作将成为未来发展的重要趋势。未来，人机协作将在各个领域得到广泛应用，包括智能制造、智慧城市、医疗保健、教育培训、金融服务等。下面从以下几个方面进行展开论述。

10.2.3.1　智能制造方面

人机协作将成为制造业发展的重要趋势。未来，制造业将更加智能化和自动化，人类和机器将协同工作，实现更高效、更灵活、更安全的生产。人机协作可以提高生产效率和产品质量，同时也可以降低生产成本和人工成本。

10.2.3.2　智慧城市方面

人机协作将成为城市服务的重要手段。未来，城市将更加智慧化和数字化，人类和机器将协同工作，提供更高效、更便捷、更安全的城市服务。人机协作可以提高城市服务的质量和效率，同时也可以降低城市管理的成本和人工成本。

10.2.3.3　医疗保健方面

人机协作将成为医疗保健的重要手段。未来，医疗保健将更加智能化和精准化，人类和机器将协同工作，实现更准确、更及时、更个性化的医疗服务。人机协作可以提高医疗服务的质量和效率，同时也可以降低医疗保健的成本和人工成本。

10.2.3.4　金融服务方面

人机协作将成为金融服务的重要手段。未来，金融服务将更加智能化和安全化，人类和机器将协同工作，提供更高效、更便捷、更安全的金融服务。人机协作可以提高金融服务的质量和效率，同时也可以降低金融服务的成本和人工成本。

10.3　个性化与情感智能的发展

10.3.1　个性化智能的发展

ChatGPT 将更加注重用户的个性化需求，通过学习用户的历史对话和兴趣爱好等信息，实现个性化推荐和服务。

10.3.1.1　个性化推荐

ChatGPT 将根据用户的历史对话和兴趣爱好等信息，推荐用户可能感兴趣的话题、产品或服务。例如，如果用户喜欢旅游，ChatGPT 可以推荐给用户相关的旅游攻略、景点介绍等信息。

10.3.1.2　个性化问答

ChatGPT 将根据用户的历史对话和兴趣爱好等信息，提供更加贴心、更加个性化的问答服务。例如，如果用户是一个音乐爱好者，ChatGPT 可以提供更加专业的音乐知识和建议。

10.3.1.3　个性化交互

ChatGPT 将根据用户的历史对话和兴趣爱好等信息，提供更加个性化、更加互动的对话体验。例如，如果用户喜欢幽默的内容，ChatGPT 可以增加一些幽默的语言和表情，以此来更好地满足用户的需求。

10.3.1.4　个性化服务

ChatGPT 将根据用户的历史对话和兴趣爱好等信息，提供更加贴心、更加个性化的服务。例如，如果用户是一个健身爱好者，ChatGPT 可以提供更加专业的健身指导和建议。

10.3.2　情感智能的发展

ChatGPT 将更加注重情感交流，通过学习和理解情感表达，实现更真实、更贴心的情感交流。

10.3.2.1　真实情感表达

ChatGPT将通过深度学习等技术，学习情感表达的语言和语气。例如，在对话中，用户可能会表达自己的情感，如悲伤、愤怒等。ChatGPT将通过对用户语言和语气等信息的分析和学习，理解用户的情感表达，并适当调整回应的语气和语言风格，以此来更好地表达同情和关怀。例如，在用户表达悲伤情感时，ChatGPT可以使用一些温暖和鼓励的语言，从而让用户感到被理解和支持。

同时，ChatGPT还将通过学习表情和肢体语言等信息，实现更真实的情感表达。例如，在视频通话或虚拟现实等环境中，用户的情感表达不仅包括语言和语气，还包括表情和肢体语言等。ChatGPT将通过深度学习等技术，学习用户的表情和肢体语言等信息，并在回应中模仿这些信息，从而实现更真实的情感表达。例如，在用户表达愉悦情感时，ChatGPT可以使用一些欢快的语言，同时配合笑脸等表情，从而让用户感到更加愉悦和舒适。

10.3.2.2　贴心情感服务

首先，ChatGPT将通过深度学习等技术，学习用户的情感需求和背景等信息。例如，在对话中，用户可能会表达自己的孤独、失落等情感。

其次，ChatGPT将通过智能化技术，提供更加细致入微的情感服务。例如，在用户表达情感需求时，ChatGPT可以通过自然语言处理等技术，对用户的表达进行深入理解，从而提供更加细致入微的情感服务。

10.3.2.3　兼容多元文化情感

在不同的文化背景中，人们往往有不同的情感表达方式和习惯。例如，在西方文化中，人们更加直接和开放地表达自己的情感，而在东方文化中，人们往往更加含蓄和间接地表达情感。ChatGPT 将通过学习和理解不同文化背景的情感表达习惯，根据用户的文化背景，提供更贴近用户的情感交流服务。

在处理来自不同文化背景的用户时，ChatGPT 可以通过翻译技术或多语言模型，将用户的语言转化为自己所擅长的语言，并进行情感分析和回应。通过这种方式，ChatGPT 可以实现跨文化的情感交流，为用户提供更加多样化和贴心化的情感服务。

10.3.3　社交智能的发展

ChatGPT 将更加注重社交，通过学习社交关系和社交行为，实现更好的社交互动和社交推荐活动。

10.3.3.1　社交推荐

ChatGPT 将通过学习用户的社交关系和社交行为等信息，推荐给用户可能感兴趣的社交内容和活动。例如，如果用户喜欢健身，ChatGPT 可以推荐相关的健身社区、健身课程等社交内容。

10.3.3.2　社交问答

ChatGPT 将根据用户的社交关系和社交行为等信息，提供更加贴心、更加个性化的社交问答服务。例如，如果用户关心某个热门事件的相关信息，ChatGPT 可以提供更加及时和准确的答案。

10.3.3.3　社交智能服务

ChatGPT 将根据用户的社交关系和社交行为等信息，提供更加贴心、更加个性化的社交服务。例如，如果用户是一个新手母亲或父亲，ChatGPT 可以提供更加专业和实用的育儿知识和建议。